FORSCHUNGSBERICHTE
DES WIRTSCHAFTS- UND VERKEHRSMINISTERIUMS
NORDRHEIN-WESTFALEN

Herausgegeben von Staatssekretär Prof. Leo Brandt

Nr. 314

Prof. Dr. phil. Franz Wever
Dr.-Ing. habil. Alfred Krisch
Dr.-Ing. Hans-Joachim Wiester

Max-Planck-Institut für Eisenforschung, Düsseldorf

Veränderungen im Gefügeaufbau von Chrom-Nickel-Molybdän-Stählen bei langzeitiger Beanspruchung im Zeitstandversuch bei 500°

Als Manuskript gedruckt

WESTDEUTSCHER VERLAG / KÖLN UND OPLADEN

1956

ISBN 978-3-663-03863-4   ISBN 978-3-663-05052-0 (eBook)
DOI 10.1007/978-3-663-05052-0

Forschungsberichte des Wirtschafts- und Verkehrsministeriums Nordrhein-Westfalen

Gliederung

1. Einleitung	S. 5
2. Werkstoffe	S. 6
3. Kriechversuche	S. 10
4. Gefügeuntersuchungen	S. 18
5. Karbidisolierungsversuche	S. 22
6. Schlußfolgerungen	S. 29
7. Zusammenfassung	S. 31
8. Literaturverzeichnis	S. 33

Forschungsberichte des Wirtschafts- und Verkehrsministeriums Nordrhein-Westfalen

1. Einleitung

Zur Beurteilung der zulässigen Beanspruchung eines Werkstoffes für hohe Temperaturen, wie sie für den Kessel- und Turbinenbau in Frage kommen, hat sich die im Kurzversuch von etwa 10 min Dauer bestimmte Zugfestigkeit nicht als ausreichend erwiesen. Vielmehr ist es notwendig, die während der Belastung eintretende Verformung über längere Zeiten zu verfolgen. Mit fortschreitender Steigerung der im Kraftwerksbetrieb üblichen Temperaturen mußte diese Versuchsdauer immer weiter verlängert werden, und heute geht man teilweise dazu über, die laboratoriumsmäßige Erprobung der Werkstoffe auf Zeiten auszudehnen, die von gleicher Größenordnung wie die verlangte Lebensdauer sind.

Den Anlaß zu dieser Erkenntnis hatten Beobachtungen teils im Laboratorium, teils im Betrieb gegeben, daß es Stähle gibt, die, teils sogar nach verhältnismäßig kurzer Zeit, mit sehr geringer Verformung brechen (1-3). So versagten z.B. Schrauben aus einem Chrom-Nickel-Molybdän-Stahl mit etwa 0,1 % C, 0,7 % Cr, 0,8 % Mo, 1,5 % Ni mehrfach nach verhältnismäßig kurzer Betriebszeit bei Temperaturen um $500°$ durch interkristalline Brüche, obwohl die Beanspruchung unterhalb der damals als maßgebend angesehenen DVM-Kriechgrenze nach DIN 50 117 blieb. Etwa gleichzeitig waren auch von anderer Stelle Ergebnisse über den Verlauf der Zeitbruchlinien bei hohen Temperaturen bekannt geworden, wobei ebenfalls in einigen Fällen interkristalline Brüche beobachtet wurden (4, 5). Diese Beobachtungen gaben den Anstoß, in großem Umfange Langzeitversuche durchzuführen, wobei, zumindest in Deutschland, dem genannten Chrom-Nickel-Molybdän-Stahl besondere Aufmerksamkeit gewidmet wurde (6-8). Dabei zeigte sich, daß dieser Stahl bei Vergütung auf hohe DVM-Kriechgrenze zwar eine sehr ausgeprägte Neigung zu verformungsarmen interkristallinen Brüchen aufweist, daß diese Bruchform aber unter entsprechenden Bedingungen auch bei zahlreichen anderen Stählen auftreten kann (4, 5, 8-15). Bemerkenswert ist, daß der Chrom-Nickel-Molybdän-Stahl, der bei der Verwendung für Schraubenbolzen versagte, sich in gleicher oder ähnlicher Zusammensetzung bei der Verwendung für Turbinenläufer und -schaufeln im Betrieb durchaus bewährt hat (16, 17). Bei diesen Teilen ist die Beanspruchung allerdings geringer und gleichmäßiger als bei Schraubenbolzen, besonders fehlen die im Gewindegrund auftretenden hohen Spannungsspitzen.

Die Ursache der Korngrenzenschädigung, die unter dem Einfluß der Zeitstandbeanspruchung auftritt und die sich in ihren Anfängen am empfindlichsten durch die damit verbundene Herabsetzung der Kerbschlagzähigkeit nachweisen läßt (7, 18, 19), konnte in diesen Untersuchungen noch nicht hinreichend geklärt werden. Auch die metallographischen Beobachtungen konnten hierüber keinen befriedigenden Aufschluß geben. Es erschien daher angebracht, dieser Frage noch einmal nachzugehen und dabei durch Karbidisolierungsversuche nach dem Verfahren von P. KLINGER und W. KOCH (20) die während des Zeitstandversuches in der Karbidphase eintretenden Veränderungen in den Kreis der Betrachtungen einzubeziehen.

Es lag nahe, für diese Untersuchungen den als besonders empfindlich bekannten Chrom-Nickel-Molybdän-Stahl zu verwenden. Da die an dessen Stelle für die Verwendung für warmfeste Schrauben eingesetzten und bewährten Stähle fast immer einen höheren Kohlenstoffgehalt aufweisen (21), wurde zusätzlich bei diesem Stahl der Einfluß eines erhöhten Kohlenstoffgehaltes untersucht. Ebenso war der Einfluß des Umwandlungsgefüges und der Anlaßtemperatur bei der Vergütung zu berücksichtigen.

2. Werkstoffe

Für die Untersuchung wurden in der metallurgischen Abteilung des Instituts fünf Versuchsschmelzen nach Tabelle 1 hergestellt.

Tabelle 1

Chemische Zusammensetzung der untersuchten Schmelzen

Werkstoff	C %	Si %	Mn %	P %	S %	Cr %	Mo %	Ni %
A	0,04	0,08	0,31	0,017	0,027	0,48	0,72	1,42
B	0,14	0,26	0,25	0,024	0,017	0,77	0,94	1,60
C	0,16	0,39	0,43	0,022	0,020	0,93	0,75	1,46
D	0,24	0,36	0,41	0,020	0,021	0,90	0,74	1,47
E	0,30	0,33	0,39	0,019	0,022	0,89	0,75	1,48
Schraubenstahl (EFK2338)	~0,1	~0,3	~0,4	-	-	~0,7	~0,8	~1,5

Die Stähle A, C, D und E wurden in einem 350-kg-Hochfrequenzofen, der Stahl B in einem 50-kg-Hochfrequenzofen erschmolzen. Die Stähle C, D und E wurden aus einer Schmelze nach stufenweiser Aufkohlung in drei Blöcken etwa gleichen Gewichts mit steigendem Kohlenstoffgehalt abgegossen. Die Blöcke wurden, bei etwa 1100° beginnend, auf 20 bis 22 mm Dmr. ausgeschmiedet. In Tabelle 1 ist die chemische Zusammensetzung dieser Schmelzen der Zusammensetzung des ehemaligen Chrom-Nickel-Molybdän-Schraubenbolzenstahles (Krupp-Stahlmarke EFK 2338) gegenübergestellt. Die Abstufung des Kohlenstoffgehalts reicht von 0,04 bis 0,30 % C gegenüber etwa 0,1 % bei dem technischen Stahl. Die Übereinstimmung der sonstigen Legierungsbestandteile ist am besten bei den aus einer Schmelze stammenden Stählen C, D, E; nur der Chromgehalt liegt etwas höher. Der Stahl A mit dem niedrigsten Kohlenstoffgehalt ist mit 0,48 % Cr und 0,72 % Mo etwas niedriger, der Stahl B mit 0,94 % Mo etwas höher legiert.

Die Angaben über die Wärmebehandlung und die dabei erhaltenen mechanischen Eigenschaften sind in Tabelle 2 zusammengestellt. Für die Wärmebehandlung wurde einheitlich eine Austenitisierungstemperatur von 930° angewendet. Die Stähle A, C, D, E wurden im luftvergüteten Zustand mit 570° Anlaßtemperatur sowie im oel- oder wasservergüteten Zustand mit 630 bis 660° Anlaßtemperatur geprüft, wobei die Wasservergütung nur bei dem sehr niedrig kohlenstoffhaltigen Stahl A mit Rücksicht auf dessen zu erwartende hohe kritische Abkühlungsgeschwindigkeit angewendet wurde. Ferner wurden diese Stähle nach einer Zwischenstufenvergütung in Salzbädern von 350 oder 450° mit zweistündigem Halten geprüft. Bei dem Stahl B wurde neben der Luftvergütung mit 570° Anlaßtemperatur und der Oelvergütung mit 640° Anlaßtemperatur auch noch eine Oelvergütung mit 570° Anlaßtemperatur in die Versuche einbezogen.

Die bei der Gefügeuntersuchung an gesondert behandelten Proben ohne nachfolgende Anlaßbehandlung festgestellten Umwandlungsgefüge sind in Tabelle 2 mitangeführt. Als Beispiele sind in den Abbildungen 1 bis 6 die Gefüge der Stähle A und C nach Luft-, Wasser- oder Oelabkühlung sowie für die Stähle D und E nach Luftabkühlung wiedergegeben. Es zeigt sich, daß der sehr niedrig kohlenstoffhaltige und auch etwas schwächer legierte Stahl A bei Luftabkühlung nach Ausscheidung von voreutektoidischem Ferrit sich in der Zwischenstufe umgewandelt hat (Abb. 1) und daß auch bei Wasserabschreckung die Umwandlung noch vorzugsweise in der Zwischenstufe erfolgt ist (Abb. 2).

Forschungsberichte des Wirtschafts- und Verkehrsministeriums Nordrhein-Westfalen

Tabelle 2

Wärmebehandlung und mechanische Eigenschaften der Werkstoffe

Werkstoff	Gruppen-Nr.	Wärmebehandlung	Umwandlungsgefüge vor dem Anlassen	Brinell-härte HB 30/5	0,2-Grenze kg/mm²	Zugfestigkeit kg/mm²	Bruchdehnung δ_{10} %	Brucheinschnürung %	DVM-Kriechgrenze bei 500° kg/mm²
A	I	930°/Luft 3h570°/Luft	Ferrit+Zwischenstufe	192	51,8	61,2	17,8	75	37
	I	930°/Salz 350°2h	Zwischenstufe	196	49,4	63,3	13,6	73	43
	I	930°/Salz 450°2h	Zwischenstufe+Martensit	197	45,5	62,8	15,0	71	38
	II	930°/Wasser 2h660°	Zwischenstufe+Martensit	191	54,1	60,8	17,8	75	28
B	I	930°/Luft 3h570°/Ofen	Zwischenstufe	273	70,8	88,3	13,2	66	50
	I	930°/Oel 3h570°/Ofen	Martensit	331	92,0	102,5	12,5	67	>40
	II	930°/Oel 3h640°/Ofen	Martensit	237	62,2	74,8	16,6	71	~22
C	I	930°/Luft 3h570°/Luft	Zwischenstufe	298	74,4	93,8	12,6	61	53
	I	930°/Salz 350°2h	Zwischenstufe	289	67,8	89,7	10,0	60	50
	I	930°/Salz 450°2h	Zwischenstufe+Martensit	315	65,5	108,3	9,9	38[1]	51
	II	930°/Oel 620°2h	Martensit	260	72,1	81,6	15,5	68	29
D	I	930°/Luft 3h570°/Luft	Zwischenstufe+Martensit	310	80,0	98,6	12,7	59	55
	I	930°/Salz 350°2h	Zwischenstufe	308	77,4	99,6	8,8	58	51
	I	930°/Salz 450°2h	Zwischenstufe+Martensit	343	68,7	120,7	7,3	22[1]	48
	II	930°/Oel 630°2h	Martensit	284	80,7	91,1	13,4	66	24
E	I	930°/Luft 3h570°/Luft	Zwischenstufe+Martensit	326	87,7	105,6	12,7	59	52
	I	930°/Salz 350°2h	Zwischenstufe	326	80,2	106,9	10,3	56	50
	I	930°/Salz 450°2h	Zwischenstufe+Martensit	375	71,0	136,5	7,1	11	52
	II	930°/Oel 630°2h	Martensit	290	82,0	94,0	13,6	64	24

1. Bruch außerhalb der Brucheinschnürung

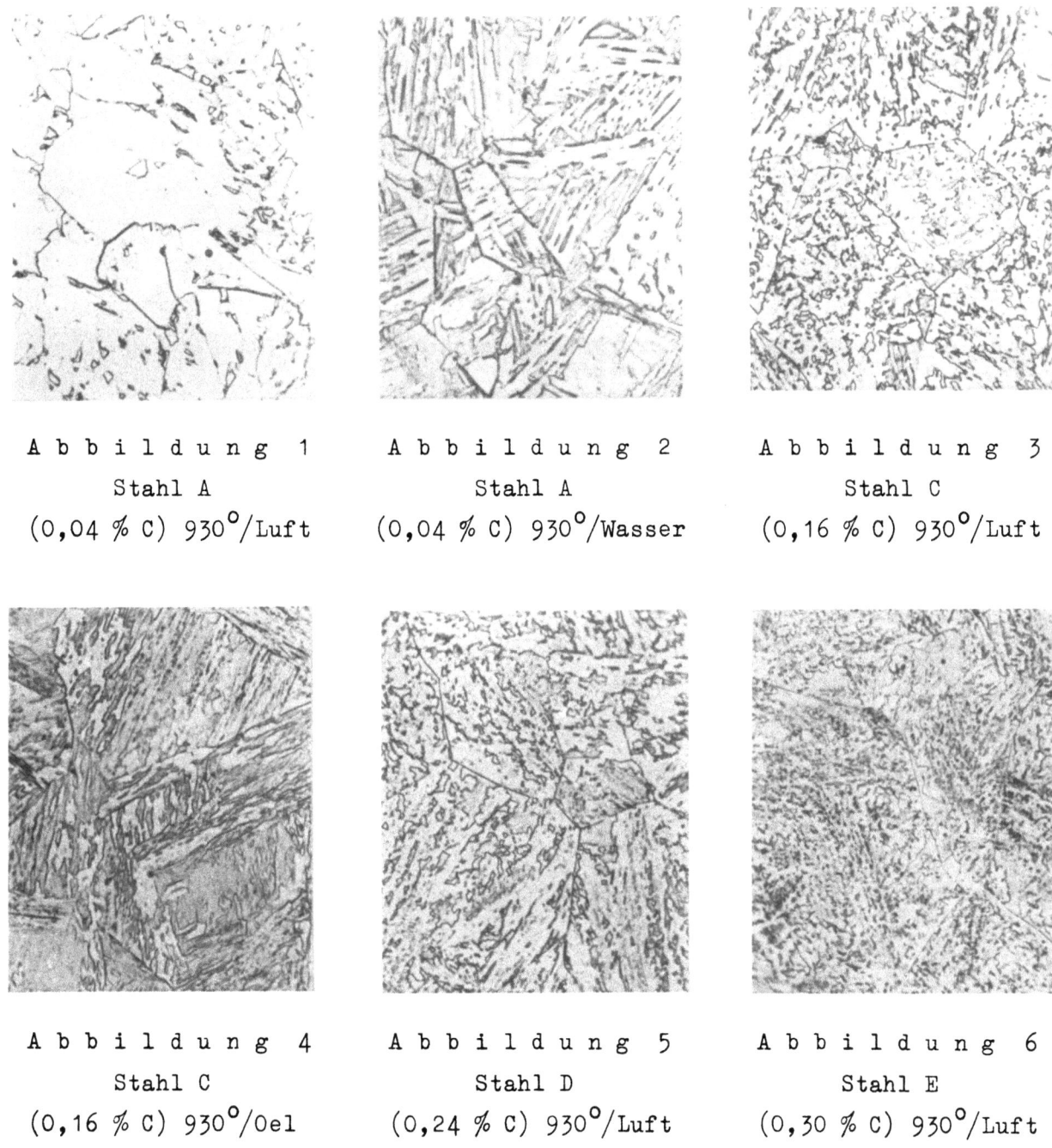

Abbildung 1
Stahl A
(0,04 % C) 930°/Luft

Abbildung 2
Stahl A
(0,04 % C) 930°/Wasser

Abbildung 3
Stahl C
(0,16 % C) 930°/Luft

Abbildung 4
Stahl C
(0,16 % C) 930°/Oel

Abbildung 5
Stahl D
(0,24 % C) 930°/Luft

Abbildung 6
Stahl E
(0,30 % C) 930°/Luft

Abbildungen 1 bis 6

Umwandlungsgefüge der Stähle A (0,04 % C), C (0,16 % C), D (0,24 % C) und E (0,30 % C) nach Luft-, Wasser- oder Oelabkühlung von 930° vor dem Anlassen (1500:1)

Die im Zwischenstufengefüge auftretenden, durch den Vorgang der Zwischenstufenumwandlung bedingten kleinen Inseln von Martensit oder Restaustenit sind bei allen Stählen bei der Bezeichnung der Umwandlungsgefüge in Tabelle 2 als Eigentümlichkeit des Zwischenstufengefüges nicht besonders erwähnt. Der Stahl C hat sich bei der Luftabkühlung fast vollständig in der Zwischenstufe (Abb. 3), bei Oelablöschung nahezu vollständig in der Martensitstufe (Abb. 4) umgewandelt. Das gleiche gilt für den in der chemischen Zusammensetzung weitgehend ähnlichen Stahl B. Bei den Stählen D und E führt die Luftabkühlung wegen des höheren Kohlenstoffgehaltes bereits zu einer unvollständigen Umwandlung in der oberen Zwischenstufe, so daß neben den im Zwischenstufengefüge vorhandenen kleinen Martensitinseln noch in steigendem Maße größere Martensitbereiche auftreten (Abb. 5 und 6). Bei Oelablöschung werden diese Stähle rein martensitisch.

Als Beispiele für die bei der Umwandlung im Salzbad bei 350 und 450° erhaltenen Gefüge sind die Abbildungen 7 und 8 des Stahles C wiedergegeben. Es zeigt sich, daß bei 350° die Umwandlung in der Zwischenstufe fast vollständig abläuft, während bei 450° noch beträchtliche Mengen Martensit neben dem im ganzen gröberen Zwischenstufengefüge aufgetreten sind. Die übrigen Stähle gliedern sich nach dem Kohlenstoffgehalt und dem in den Abbildungen 1 bis 6 wiedergegebenen Verhalten bei Luft-, Oel- oder Wasserabkühlung dahingehend ein, daß bei 350° in allen Fällen die Zwischenstufenumwandlung ziemlich vollständig abläuft, während bei 450° mit dem Kohlenstoffgehalt ansteigende Mengen von Martensit neben Zwischenstufengefüge gebildet werden. Als Grenzfall ist in Abbildung 9 das Gefüge des bei 450° umgewandelten Stahles E mit 0,3 % C wiedergegeben.

3. Kriechversuche

Die Kriechversuche an den Werkstoffen A bis E wurden bei 500° ausgeführt. Hierfür wurden Dauerstandmaschinen verwendet, in denen jeweils nur eine Probe in einem Luftofen erwärmt und mit Hilfe eines Hebels belastet wird. Die Dehnung wurde mit dem Martensschen Spiegelgerät gemessen und photographisch aufgezeichnet (22); soweit die Versuche bis zum Bruch ausgedehnt wurden, wurde auch die Dehnungsmessung möglichst lange vorgenommen. Die Versuche können in Kurz- und Langzeitversuche unterteilt werden. Bei den Kurzversuchen von etwa 45 bis 100 h Dauer sollte die DVM-Kriechgrenze ermittelt und zugleich ein Anhalt über die zweckmäßige Belastung für die Langzeitversuche gewonnen werden; die Langzeitversuche wurden meist bis zum Bruch durchgeführt.

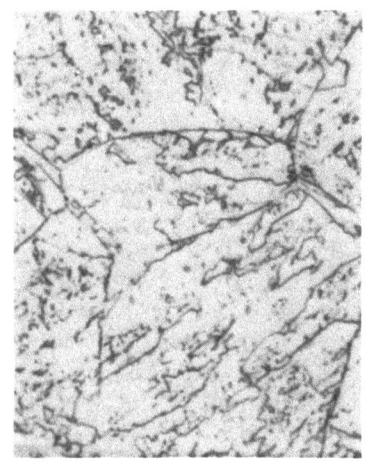 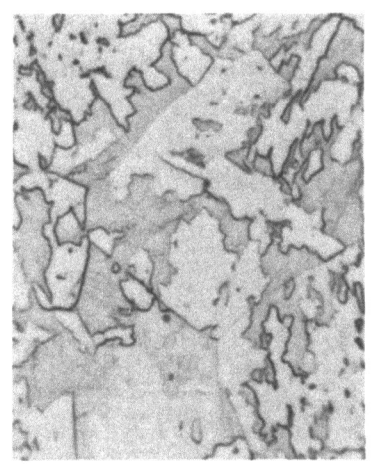 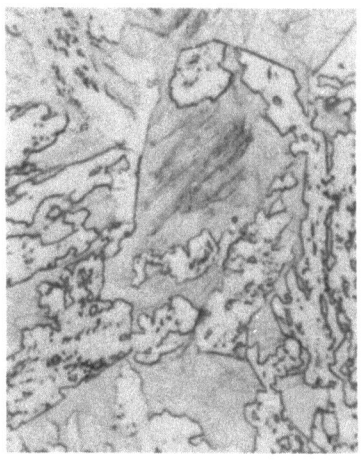

Abbildung 7
Stahl C
(0,16 % C) 930°/Salz-
bad 350°,2h/Luft

Abbildung 8
Stahl C
(0,16 % C) 930°/Salz-
bad 450°,2h/Luft

Abbildung 9
Stahl E
(0,30 % C) 930°/Salz-
bad 450°,2h/Luft

Abbildungen 7 bis 9
Umwandlungsgefüge der Stähle C (0,16 % C) und E (0,30 % C) nach Zwischenstufenvergütung von 350 und 450° (1500:1)

Die aus den Kurzversuchen ermittelten DVM-Kriechgrenzen sind in der letzten Spalte der Tabelle 2 zusammengestellt. In Abbildung 10 ist die DVM-Kriechgrenze der untersuchten Stähle in Abhängigkeit von der Zugfestigkeit, getrennt für die verschiedenen Wärmebehandlungen, aufgetragen. Es zeigt sich, daß sich die Wärmebehandlungszustände nach der erreichten DVM-Kriechgrenze deutlich in zwei Gruppen I und II unterteilen lassen. Zu der ersten Gruppe, die eine hohe DVM-Kriechgrenze ergibt, gehören die Luft- und Oelvergütung mit 570° Anlaßtemperatur sowie die Zwischenstufenvergütung bei 350 und 450° Salzbadtemperatur, zu der zweiten Gruppe, die eine niedrige DVM-Kriechgrenze ergibt, der wasser- oder oelvergütete Zustand mit 620 bis 660° Anlaßtemperatur. Die von H. BENNEK und G. BANDEL (23) beobachtete Überlegenheit des Zwischenstufengefüges gegenüber dem durch Anlassen des Martensits gebildeten Vergütungsgefüge in Bezug auf die DVM-Kriechgrenze bei 500° tritt nur bei dem niedrig kohlenstoffhaltigen Stahl A darin in Erscheinung, daß hier die Zwischenstufenvergütung bei 350°, die bei allen Stählen fast reines Zwischenstufengefüge ergeben hat, die höchste DVM-Kriechgrenze gegenüber den sonstigen Wärmebehandlungszuständen aufweist. Bei dem Stahl B, bei dem als einzigem Stahl Luft- und Oelver-

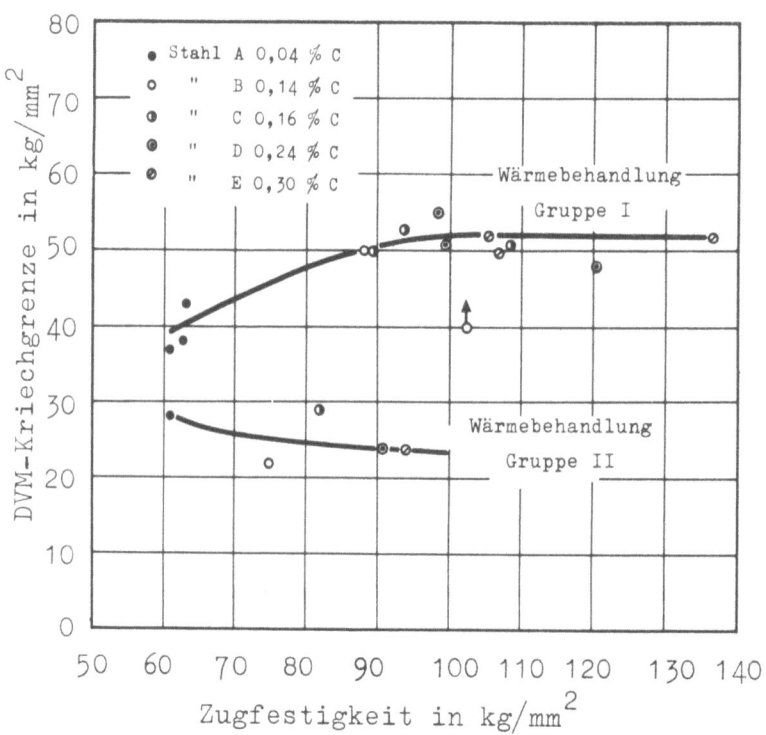

Abbildung 10

DVM-Kriechgrenze bei 500° in Abhängigkeit von der
Zugfestigkeit bei Raumtemperatur

gütung mit 570° Anlaßtemperatur nebeneinander geprüft wurden, reichen die Versuchswerte nicht aus, die DVM-Kriechgrenze für den oelvergüteten Zustand genauer festzulegen und damit einen Vergleich gegenüber dem luftvergüteten Zustand zu ermöglichen. Bei den übrigen Stählen wurde der oelvergütete Zustand mit niedriger Anlaßtemperatur nicht mit untersucht, da er zu hohe Zugfestigkeiten ergab. Bei Oel- oder Wasservergütung mit Anlaßtemperaturen von 620 bis 660°, die gewählt wurden, um gegenüber dem luftvergüteten Zustand annähernd vergleichbare Zugfestigkeiten zu erreichen, liegt die DVM-Kriechgrenze mit 22 bis 29 kg/mm² wesentlich niedriger. Der Grund hierfür wird später aufgezeigt werden.

Ein eindeutig erkennbarer Einfluß des Kohlenstoffgehalts auf die DVM-Kriechgrenze zeichnet sich bei den höher kohlenstoffhaltigen Stählen B bis E weder für die Behandlungszustände mit hoher DVM-Kriechgrenze noch für den hoch angelassenen Zustand mit niedriger DVM-Kriechgrenze ab. Ebenso läßt sich, zumindest bei diesen Stählen, innerhalb der Wärmebehandlungen nach Gruppe I oder II kein wesentlicher Einfluß der Zugfestigkeit erkennen (Abb. 10). Wenn der Stahl A mit dem niedrigsten Kohlenstoffgehalt

Tabelle 3

Ergebnisse der Langzeit-Kriechversuche bei 500 °C

Werkstoff	Gruppen-Nr.	Wärmebehandlung	Proben-Nr.	Belastung kg/mm^2	Versuchsdauer h	Bei gebrochenen Proben Bruchdehnung δ_{10} %	Brucheinschnürung %	Bei nicht gebrochenen Proben Dehnung am Ende des Versuches %	Dehngeschwindigkeit d.2.Abschnitts 10^{-4}%/h	Übergang zum 3. Abschnitt h	Zeitstandfestigkeit $\sigma_{B/1000}$ etwa kg/mm^2	DVM Kriechgrenze kg/mm^2
A	I	930°/Luft 3h570°/Luft	8	38	1295	2,4	7	-	7	400		
	I		9	35	7624	2,3	5	-	0,7	5400	38	37
	I	930°/Salz 350°2h	24	42	2055	1,0	2	-	2	800	44	43
	I	930°/Salz 450°2h	29	38	1685	1,2	2	-	4	800		
			30	38	1593	1,7	9	-	2,5	1400	39	38
			31	34	10248	1,0	2	-	0,4	9000		
	II	930°/Wasser 2 h 660°	14	30	221	7,9	72	-	80	n.b.	27	28
B	I	930°/Luft 3h570°/Ofen	41	50	1314	0,7	0	-	2,3	800		
			35	45	1422	0,3	0	-	2,6	1200		
			37	45	1113	0,4	8	-	1,3	900		
			39	45	1329	1,9	7	-	1,0	1200	47	50
			34	40	4063	1,1	5	-	0,9	3900		
			42	40	9677	0,6	0	-	0,5	9400		
			36	35	6228	0,5	0	-	0,4	6200		
			33	35	96	-	-	0,5	0,5	-		
	I	930°/Oel 3h570°/Ofen	32	40	2738	1,4	11	-	1,9	1400	45	> 40
			31	35	168	-	-	0,5	-	-		
	II	930°/Oel 3h640°/Ofen	1	40	28	11,5	72	-	-	-		
			2	35	145	12,1	79	-	-	-		
			3	33	122	13,4	80	-	-	-		
			4	30	1216	13,5	76	-	25	200		
			5	28	2379	14,2	67	-	20	1600	28	~22
			6	26	2263	-	-	2,42	10	1200		
			10	24	1172	-	-	2,54	12	200		
			9	20	8492	-	-	2,41	1,2	-		
			11	20	16082	-	-	2,21	0,8	-		
C	I	930°/Luft 3h570°/Luft	4	50	1695	2,2	5	-	4	400		
			5	50	2389	1,5	0	-	2,6	1200	53	53
	I	930°/Salz 350°2h	24	50	1470	0,9	12	-	2	1400		
			25	50	1346	0,7	5	-	2,5	1000	51	50
	I	930°/Salz 450°2h	31	50	1526	1,4	7	-	5,3	1000		
			38	38	5940	1,0	5	-	0,6	5200	52	51
			39	38	6376	1,6	5	-	0,7	5400		
	II	930°/Oel 2h620°	11	50	24	n.b.	1)	-	-	-	-	-
			15	30	3934	16,3	61	-	4	800		
			34	30	5222	10,9	52	-	3-4	2800	34	29
			33	30	2626	-	-	2,17	3	1200		
D	I	930°/Luft 3h570°/Luft	3	50	2965	1,6	5	-	2,2	1600		
			4	50	2951	1,2	10	-	2,2	1400	54	55
			5	50	3828	0,8	5	-	1,5	2600		
	I	930°/Salz 350°2h	25	50	2135	0,6	5	-	1,2	1400	52	51
	I	930°/Salz 450°2h	30	50	2520	0,6	0	-	1,4	1600		
			31	50	1439	1,2	2	-	1,4	600	52	48
	II	930°/Oel 2h630°	15	25	11403	13,5	58	-	2,5	8800	32	24
E	I	930°/Luft 3h570°/Luft	5	50	1244	0,9	0	-	2,4	1200	50	52
	I	930°/Salz 350°2h	24	50	2882	0,6	21	-	0,6	2800	52	50
			25	50	3755	0,5	5	-	0,6	3600		
	I	930°/Salz 450°2h	31	50	1637	0,7	10	-	3	600		
			38	50	648	1,4	0	-	-	-	51	52
			39	50	3167	0,9	2,3	-	0,4	2200		
	II	930°/Oel 2h630°	15	24	5981	15,1	56	-	6	1600		
			33	24	7928	16,1	53	-	3	6000	28	24

1. Eingeschnürt

von 0,04 % in den Behandlungszuständen mit hoher DVM-Kriechgrenze deutlich niedriger liegt als die übrigen Stähle, so ist zu berücksichtigen, daß dieser Stahl nicht nur wegen seines sehr geringen Kohlenstoffgehalts weniger Karbid im Gefüge enthält, sondern daß er auch einen merklich geringeren Chrom-, Molybdän- und Nickelgehalt aufweist, im ganzen also etwas schwächer legiert ist. Bei der Wasservergütung mit hoher Anlaßtemperatur fällt er aus der Reihe der übrigen Stähle nicht heraus.

Das Ziel der Langzeitversuche war, Aufschluß über die Neigung zu verformungsarmen Brüchen in den verschiedenen Behandlungszuständen und ihre Veränderung mit zunehmender Belastungsdauer zu erhalten, nicht aber, Zeitdehngrenzen und Zeitbruchlinien der Stähle in ihrer ganzen Ausdehnung zu ermitteln, wozu die vorhandenen Einrichtungen nicht ausgereicht hätten. Eine Übersicht über die Versuche und ihre Ergebnisse geben Tabelle 3 und Abbildung 11; der längste Versuch dauerte 16000 h. Eine Abschätzung der 1000-h-Zeitstandfestigkeit $\sigma_{B/1000}$ aus diesen Ergebnissen (siehe vorletzte Spalte in Tabelle 3) zeigt, daß bei allen Stählen für die Wärmebehandlungszustände der Gruppe I die 1000-h-Zeitstandfestigkeit praktisch mit der DVM-Kriechgrenze nach Tabelle 2 übereinstimmt, wenn man Abweichungen bis $\pm$ 8 % zuläßt. Für die Wärmebehandlungszustände der Gruppe II lag die 1000-h-Zeitstandfestigkeit dagegen mit Ausnahme von Stahl A um 17 bis 33 % höher als die DVM-Kriechgrenze. Dennoch bleibt die 1000-h-Zeitstandfestigkeit ebenso wie die DVM-Kriechgrenze für die Wärmebehandlungszustände dieser Gruppe II deutlich niedriger als für die der Gruppe I, so daß der Unterschied zwischen den beiden Gruppen im wesentlichen bestehen bleibt. Angaben über die Zeitstandfestigkeit für längere Zeit als 1000 h ließen sich aus den verhältnismäßig wenigen Versuchen nicht ableiten. Ein Vergleich der erhaltenen Bruchzeiten mit den im Schrifttum vorliegenden Versuchswerten zeigt, daß die Werte für die hier untersuchten Versuchsschmelzen an der oberen Grenze des von W. RUTTMANN (1) und W. TOFAUTE (2) angegebenen Streubereiches des Chrom-Nickel-Molybdän-Stahles, zum Teil beträchtlich darüberliegen (Abb. 11).

Die in Tabelle 3 zusammengestellten Werte zeigen, daß bei allen Stählen in den Wärmebehandlungszuständen der Gruppe I mit hoher DVM-Kriechgrenze die gebrochenen Proben eine sehr geringe Bruchdehnung aufweisen, ohne daß ein erkennbarer Einfluß der Höhe und Dauer der Belastung sich abzeichnet. Demgegenüber sind die Proben im Wärmebehandlungszustand der Gruppe II

Forschungsberichte des Wirtschafts- und Verkehrsministeriums Nordrhein-Westfalen

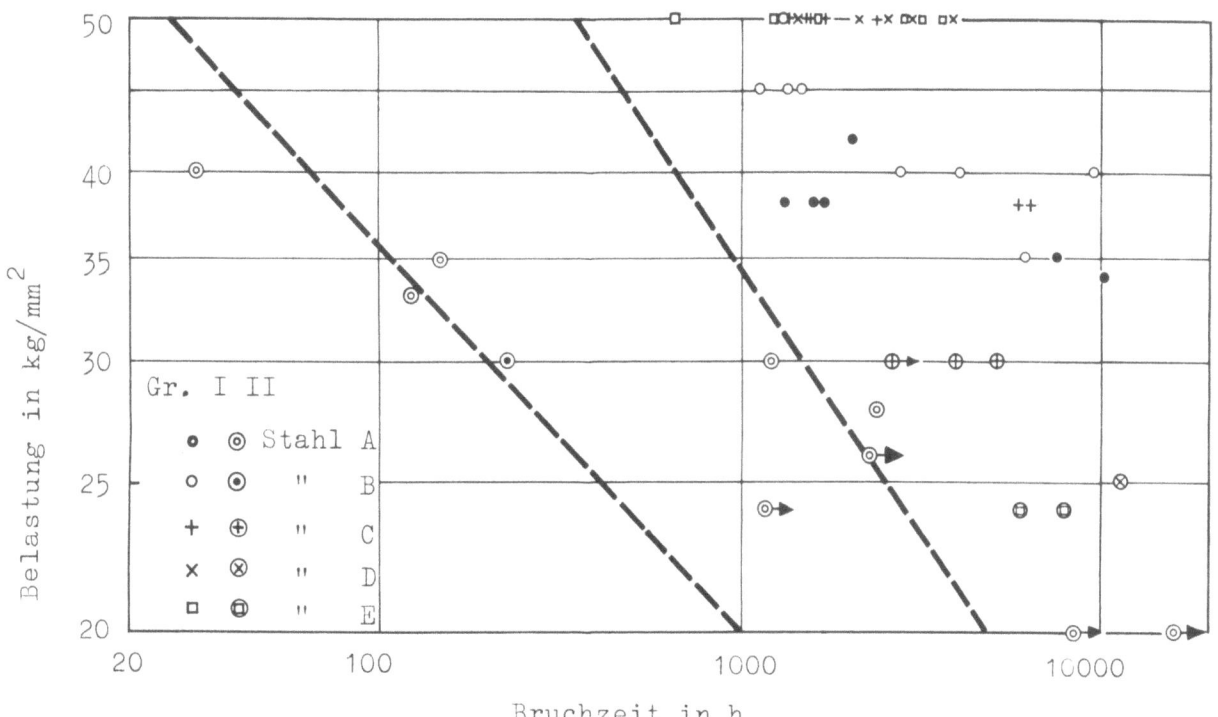

Abbildung 11

Ergebnisse der Zeitstandversuche bei 500°. Die gestrichelten Linien geben den Streubereich nach W. RUTTMANN (1) und W. TOFAUTE (2) an

mit niedriger DVM-Kriechgrenze sämtlich mit hoher Bruchdehnung und Brucheinschnürung gebrochen. Auch hier tritt, soweit die wenigen Versuchswerte einen Schluß zulassen, ein nennenswerter Einfluß der Höhe und Dauer der Belastung nicht in Erscheinung.

Für die Entstehung eines verformungsarmen Bruches gibt der Verlauf der Zeitdehnlinie keinen erkennbaren Hinweis. Besonders läßt sich keine Grenze der Dehngeschwindigkeit angeben, unterhalb derer mit einem Bruch nicht mehr zu rechnen ist, wie man dies früher, z.B. bei der Bestimmung der DVM-Kriechgrenze und bei anderen Kurzverfahren zur Ermittlung der Dauerstandfestigkeit (24), anstrebte und der Begriffsbestimmung zugrunde legte. Vielfach wurden bei solchen Proben über lange Zeiten Dehngeschwindigkeiten von $1 \cdot 10^{-4}$ %/h oder weniger gemessen, die bei der vorliegenden Meßgenauigkeit nur mit Hilfe von Aufzeichnungszeiten von einer Woche und mehr ausgewertet werden konnten; dennoch brachen die Proben nach einigen tausend Stunden Versuchszeit. Abbildung 12 gibt hierfür einige Beispiele der Dehngeschwindigkeitskurven. Es zeigt sich, daß erst wenige hundert Stunden, in einigen Fällen sogar nur etwa 10 bis 50 h vor dem Eintreten

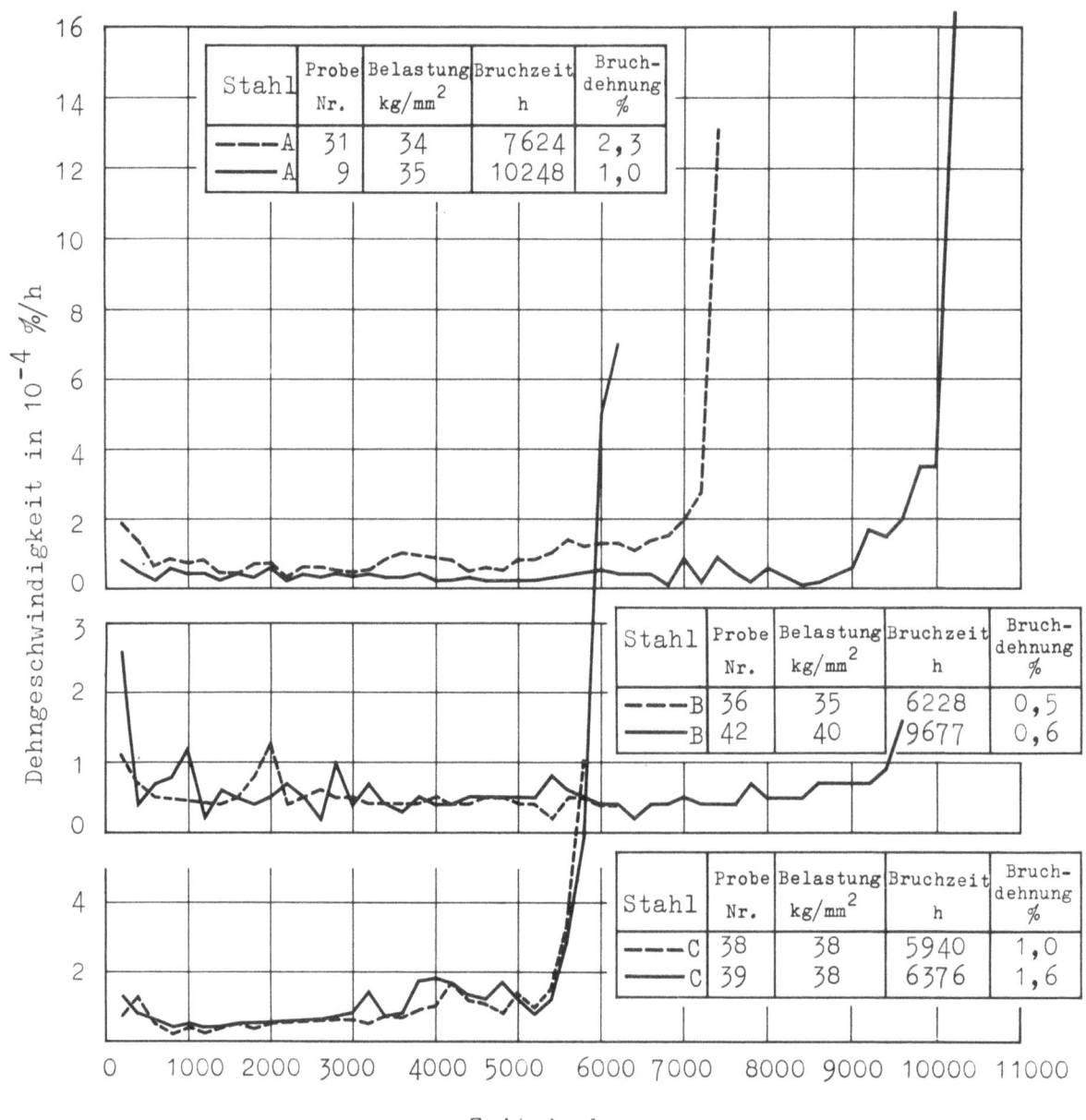

Abbildung 12

Verlauf der Dehngeschwindigkeit bei Zeitstandversuchen an Proben
der Wärmebehandlung Gruppe I mit hoher DVM-Kriechgrenze

des Bruches eine wesentliche Erhöhung der Dehngeschwindigkeit festzustellen ist. Vermutlich sind dann bereits örtlich Anrisse in den Korngrenzen vorhanden. Es wurden aber auch Fälle beobachtet, bei denen während des ganzen Versuchs Dehngeschwindigkeiten von 2 bis $5 \cdot 10^{-4}$ %/h auftraten, die Proben aber in gleicher Weise mit Bruchdehnungen von etwa 1 bis 2 % brachen (Abb. 13). Dabei handelt es sich vorwiegend um hochbelastete Proben, bei denen der Bruch schon nach verhältnismäßig kurzer Belastungsdauer eingetreten ist.

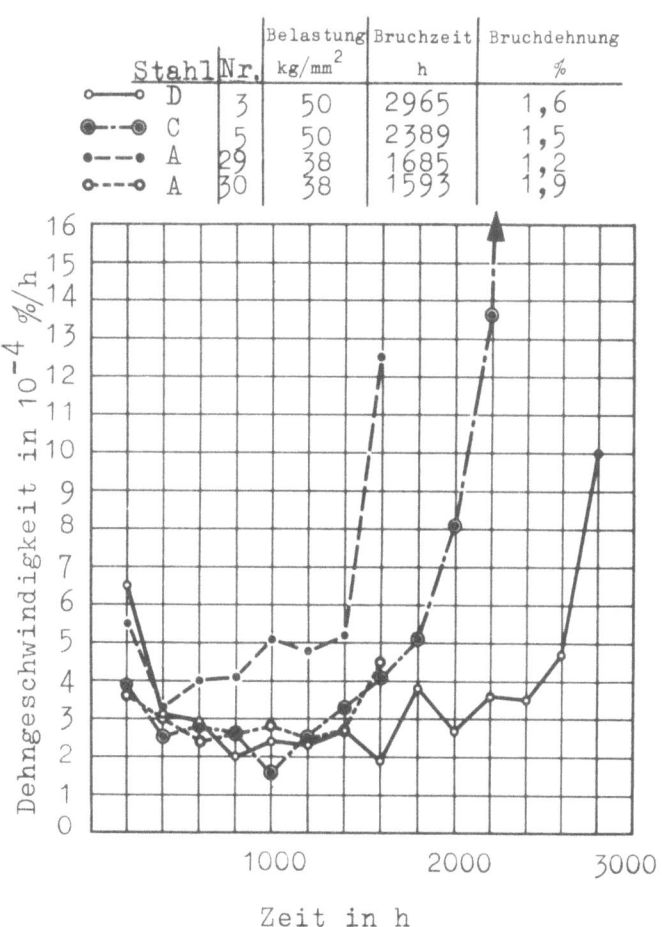

Abbildung 13

Verlauf der Dehngeschwindigkeit bei Zeitstandversuchen an Proben der Wärmebehandlung Gruppe I mit hoher DVM-Kriechgrenze

Die Proben der Gruppe II, die mit hoher Bruchdehnung und Brucheinschnürung brachen, waren meist in Höhe der DVM-Kriechgrenze oder darüber belastet worden. Sie hatten daher zu Beginn eine hohe Dehngeschwindigkeit, die zwar bei längerer Versuchsdauer abnahm, aber nicht auf die sehr niedrigen Werte, wie sie vielfach bei den Proben der Gruppe I gefunden wurden. In Abbildung 14 sind einige Beispiele der Dehngeschwindigkeitskurven von gebrochenen und nicht gebrochenen Proben dieser Gruppe wiedergegeben. Abgesehen von der höheren Dehngeschwindigkeit dieser Versuche im zweiten Abschnitt der Zeitdehnlinie mit gleichbleibender Dehngeschwindigkeit zeichnet sich hier in der Regel das Eintreten des Bruches schon einige tausend Stunden vorher durch ein stärkeres Ansteigen der Dehngeschwindigkeit ab. In diesem Falle könnte, besonders bei niedriger Belastung und entsprechend langen Bruchzeiten, durch Dehnungsmessungen die Gefahr eines Bruches noch

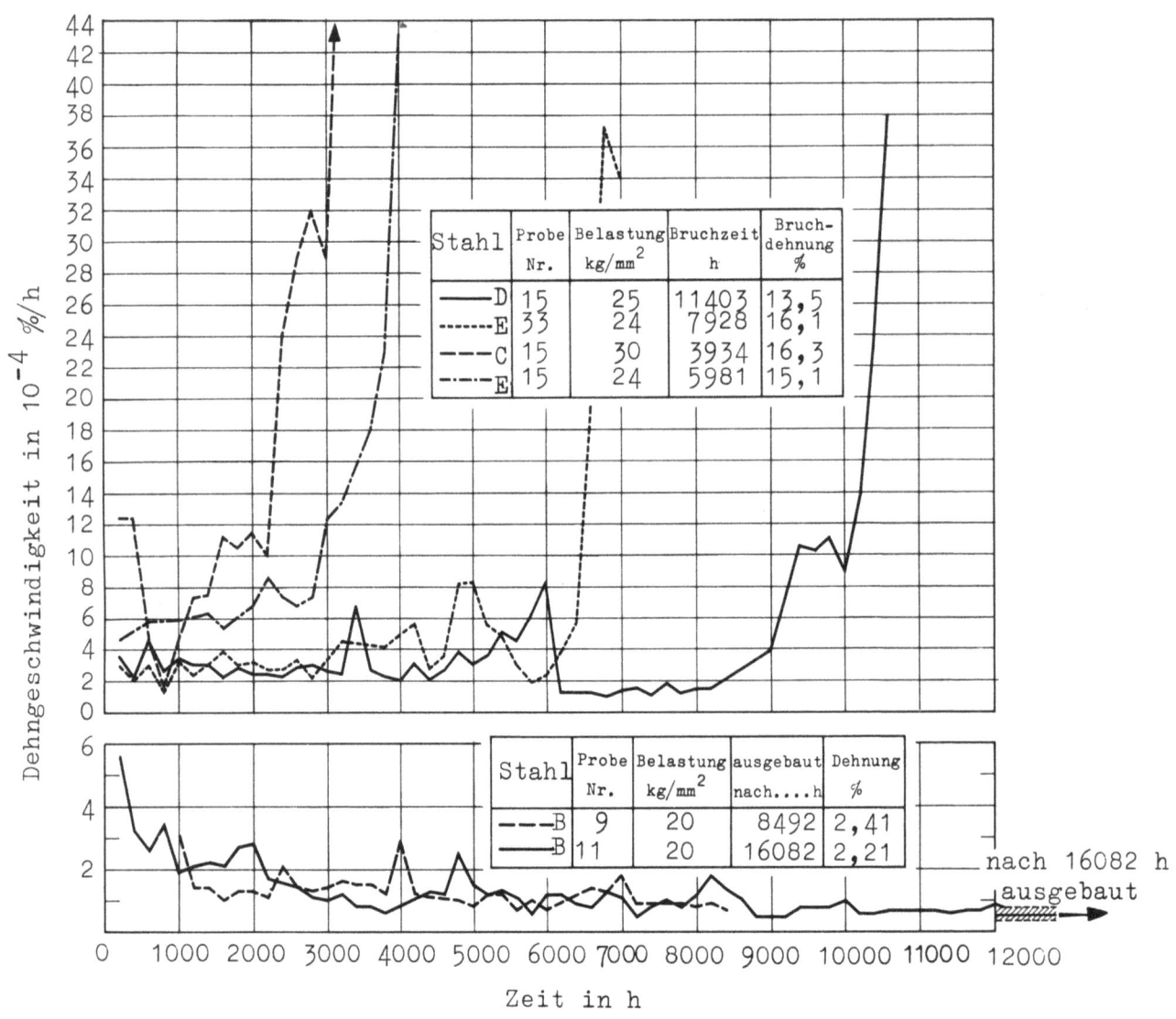

Abbildung 14

Verlauf der Dehngeschwindigkeit bei Zeitstandversuchen an Proben der Wärmebehandlung Gruppe II mit niedriger DVM-Kriechgrenze

rechtzeitig erkannt werden. Im Falle eines verformungsarmen Bruches ist dies dagegen fast unmöglich.

4. Gefügeuntersuchungen

Längsschliffe senkrecht zur Bruchfläche der mit geringer Bruchdehnung gebrochenen Proben der Wärmebehandlungszustände der Gruppe I mit hoher DVM-Kriechgrenze zeigten, daß der Bruch in allen Fällen bevorzugt entlang den ehemaligen Austenitkorngrenzen eingetreten ist. Als Beispiel ist in den Abbildungen 15 bis 19 der Gefügebefund an einer Probe aus Stahl B (Behand-

Forschungsberichte des Wirtschafts- und Verkehrsministeriums Nordrhein-Westfalen

Abbildung 15
Längsschliff durch den Probestab senkrecht zur Bruchfläche (4:1)

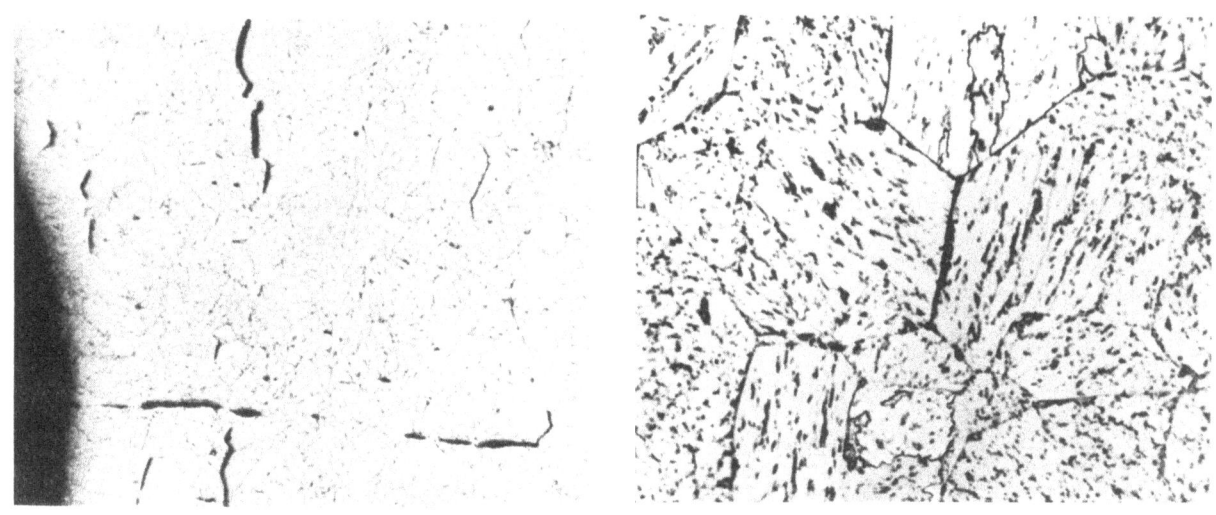

Abbildung 16   Abbildung 17
Gefüge nahe der Bruchfläche (100:1)   Gefüge nahe der Bruchfläche (500:1)

Abbildungen 15 bis 17
Gefüge eines im Dauerstandversuch nach 1314 h Belastung mit 50 kg/mm² bei
500° mit etwa 0,7 % Bruchdehnung und 0 % Brucheinschnürung gebrochenen
Stabes aus Stahl B mit 0,14 % C (Behandlung: 930°/Luft, 3 h 570°/Ofen)

lung 930°/Luft, 3 h 570°/Ofen) wiedergegeben, die bei 500° mit 50 kg/mm²
belastet wurde und nach 1314 h bei geringer Bruchdehnung und nahezu ohne
Brucheinschnürung gebrochen ist. In Übereinstimmung mit den im Schrifttum
angegebenen Beobachtungen zeigt sich, daß auch noch in einem ausgedehnten
Bereich beiderseits der Bruchfläche Aufreißungen und Lockerungen in den
Korngrenzen festzustellen sind, wobei bevorzugt solche Korngrenzen aufge-

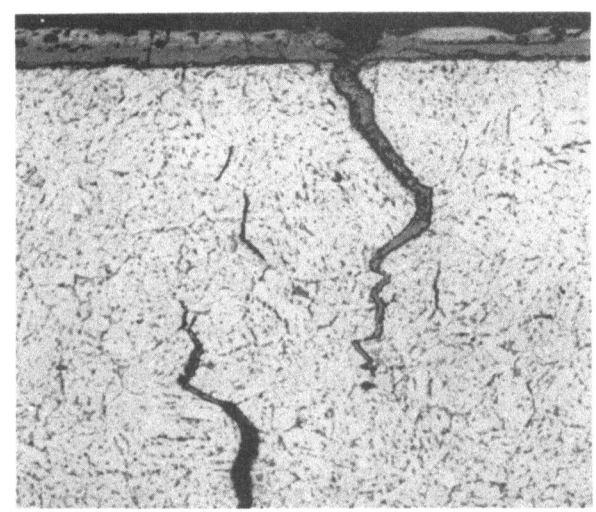 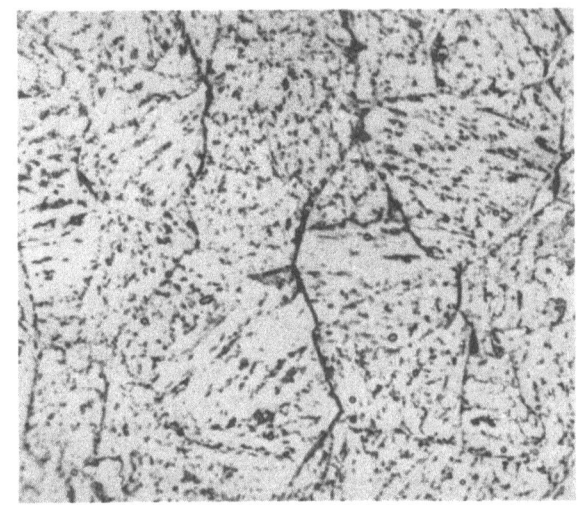

Abbildung 18   Abbildung 19
Gefüge an der Staboberfläche (200:1)   Gefüge in etwa 20 mm Entfernung von
der Bruchfläche (500:1)

Abbildungen 18 bis 19

Gefüge eines im Dauerstandversuch nach 1314 h Belastung mit 50 kg/mm^2 bei 500° mit etwa 0,7 % Bruchdehnung und 0 % Brucheinschnürung gebrochenen Stabes aus Stahl B mit 0,14 % C (Behandlung: 930°/Luft, 3 h 570°/Ofen)

rissen sind, die annähernd senkrecht zur Beanspruchungsrichtung liegen. Soweit diese Aufreißungen nahe der Staboberfläche lagen, waren sie ebenso wie die Bruchfläche selbst oxydiert (Abb. 18), doch waren auch im Innern des Stabes ohne erkennbaren Zusammenhang mit der oxydierten Oberfläche derartige Aufreißungen zu finden. Selbst in einer Entfernung von 20 mm von der Bruchstelle waren bei dem vorliegenden Stab solche Aufreißungen zu beobachten (Abb. 19). Wenn auch das Eindringen von Sauerstoff entlang den Korngrenzen nach den vorliegenden Erfahrungen mit sauerstoffhaltigem Reineisen (25) den Zusammenhalt an den Korngrenzen schwächen und damit das Aufreißen der Korngrenzen begünstigen dürfte, so geben die Beobachtungen über die Verteilung der Aufreißungen über den Querschnitt doch keinen Anlaß zu der Annahme, daß hierin die eigentliche Ursache der Aufreißungen selbst zu suchen sein könnte.

Bei verschiedenen Proben trat der verformungsarme Bruch einseitig in der Hohlkehle eines der für die Dehnungsmessung angebrachten Bunde ein (Abb. 20). Der verformungsarme Bruch reichte dann nur über einen Teil des

Forschungsberichte des Wirtschafts- und Verkehrsministeriums Nordrhein-Westfalen

A b b i l d u n g   20

Gesamtansicht des gebrochenen Probestabes. 1,5:1 (Original 2:1)

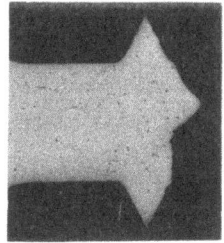

A b b i l d u n g   21

Längsschliff durch die Bruchfläche.
2:1. (Original 4:1)

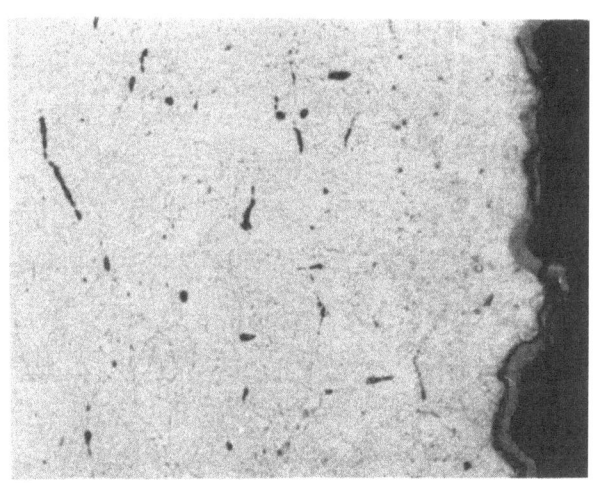

A b b i l d u n g   22

Gefüge an dem verformungsarm
gebrochenen Teil der Bruchfläche. 300:1

A b b i l d u n g e n   20 bis 22

Bruch und Gefüge eines im Dauerstandversuch nach 2738 h Belastung mit 40 kg/mm^2 bei 500° in der Hohlkehle zum Teil verformungsarm gebrochenen Stabes des Stahles B mit 0,14 % C (Behandlung: 930°/Oel, 3 h 570°/Ofen)

Querschnitts, während der Rest des Querschnitts mit stärkerer Verformung und einer deutlichen Brucheinschnürung gebrochen war (Abb. 21). Da diese Verformung sich nur einseitig auf einen eng begrenzten Bereich erstreckt, wird die Bruchdehnung dadurch nur unwesentlich erhöht, während die Brucheinschnürung deutlich meßbare Beträge von 10 bis 20 % erreicht. Dies gibt die Erklärung dafür, daß bei den mit geringer Bruchdehnung gebrochenen Proben in Tabelle 3 zum Teil verhältnismäßig hohe Werte für die Brucheinschnürung angegeben sind. Durch die in der Hohlkehle infolge der Kerbwirkung auftretenden erhöhten Spannungen wird das interkristalline Aufreißen begünstigt (Abb. 22). Der Rest des Querschnitts dürfte dann unter dem Einfluß der Querschnittsverminderung entsprechend der stark angestiegenen Spannung so rasch verformt und zu Bruch gebracht worden sein, daß die in diesem Teil des Querschnitts schon vorhandenen Korngrenzenauflockerungen nicht mehr wirksam werden konnten.

Die Proben in den Wärmebehandlungszuständen der Gruppe II mit niedriger DVM-Kriechgrenze zeigten bei starker Brucheinschnürung nur eine starke Verformung der Kristallite; Aufreißungen in den Korngrenzen wurden nicht festgestellt.

5. Karbidisolierungsversuche

Zur Untersuchung der während des Zeitstandversuches eintretenden Veränderungen in der Karbidphase wurden aus einer Reihe von Zeitstandproben die Karbide nach dem Verfahren von P. KLINGER und W. KOCH (20) elektrolytisch isoliert. Dabei wurden zum Vergleich auch Proben im unbelasteten Ausgangszustand einbezogen sowie solche, die bei 500° ohne Belastung langzeitig geglüht wurden. Die Ergebnisse dieser Versuche sind zusammen mit den Ergebnissen der Röntgenuntersuchung der Isolate in Tabelle 4 zusammengestellt. Die Mikroanalyse der erfaßten Isolierungsrückstände ist insofern unvollständig, als bei der beschränkten Isolatmenge die Analyse nicht auf den Kohlenstoffgehalt ausgedehnt werden konnte.

Ebenso wurden andere Begleitelemente des Stahles, wie Silizium, Phosphor, Schwefel und Stickstoff im Isolierungsrückstand nicht bestimmt. Die in Tabelle 4 angegebene Gesamtmenge der Karbide erreicht nicht die theoretische, aus dem Kohlenstoffgehalt des Stahles errechnete Menge, sondern ist stets geringer. Das Isolierungsergebnis ist demnach nicht quantitativ. Der Grund für die Abweichungen dürfte einmal darin zu suchen sein, daß sehr feine Karbide wegen ihrer geringen Teilchengröße nicht vollständig erfaßt werden konnten, zum anderen darin, daß die Karbide, vor allem das Eisenkarbid, unter den gewählten Isolierungsbedingungen noch teilweise zersetzt wurden. Trotz dieser Unvollkommenheiten wird man die Ergebnisse der Isolierungsversuche im wesentlichen als kennzeichnend für die Veränderungen in der Karbidphase ansehen können.

Tabelle 4

Ergebnisse der Karbidisolierung und Mikroanalyse

Werkstoff	Gruppen-Nr.	Wärmebehandlung	Proben-Nr.	Zeitstandversuch Temp. °C	Dauer h	Belastung kg/mm²	Bruchdehnung %	Brucheinschnürung %	Isolierte Karbide Menge %	Cr %	Fe %	Mn %	Mo %	Ni %	Durch Röntgenuntersuchung ermittelte Karbide	Errechnete Zusammensetzung der Grundmasse Cr %	Mn %	Mo %	Ni %
A	II	930°/Wasser 2h660°	15	–	–	0	–	–	0,46	9,7	9,1	6,7	67,0	0,4	Mo₂C	0,44	0,28	0,41	1,42
									0,415	9,6	8,1	7,2	67,6	0,4	Mo₂C	0,44	0,28	0,44	1,42
			14	500	221	30	7,9	72	0,575	10,2	5,8	6,4	70,4	0,3	Mo₂C	0,42	0,27	0,32	1,42
									0,516	10,2	5,4	6,7	70,5	0,3	Mo₂C	0,43	0,28	0,36	1,42
B	I	930°/Luft 3h570°/Ofen	38	20	–	88	13,2	66	1,43	2,8	83,8	1,58	3,7	1,44	Fe₃C	0,73	0,23	0,89	1,58
			45	500	112	0	1)	1)	0,99	4,35	76,5	4,0	7,0	1,2	Fe₃C	0,73	0,21	0,87	1,59
			46	500	500	0	1)	1)	1,14	5,6	73,8	3,9	8,8	0,95	Fe₃C	0,71	0,21	0,84	1,59
			47	500	1100	0	1)	1)	1,43	8,9	57,0	4,1	22,1	0,9	Fe₃C	0,64	0,19	0,62	1,59
			37	500	1113	45	0,4	8	1,26	8,4	61,7	4,1	18,5	0,15	Fe₃C	0,66	0,20	0,71	1,60
			41	500	1314	50	0,7	0	1,53	8,8	58,8	2,8	20,7	0,75	Fe₃C	0,64	0,21	0,62	1,59
			39	500	1329	45	1,9	7	1,24	8,7	59,1	2,7	22,0	0,76	Fe₃C	0,66	0,22	0,67	1,59
			35	500	1422	45	0,3	0	1,45	7,0	62,2	2,41	20,5	0,74	Fe₃C	0,67	0,22	0,64	1,58
			48	500	2722	0	–	–	1,58	10,1	50,2	5,1	27,0	0,6	Fe₃C	0,61	0,17	0,51	1,59
			42	500	9677	40	0,6	0	1,62	11,1	44,7	3,4	33,4	0,67	Fe₃C	0,59	0,19	0,40	1,59
	I	930°/Oel 3h570°/Ofen	32	500	2738	40	1,4	11	1,59	11,1	48,6	3,8	29,2	1,05	Fe₃C Mo₂C	0,59	0,19	0,48	1,58
	II	930°/Oel 3h640°/Ofen	1	500	28	40	11,5	72	2,06	10,6	49,0	2,5	30,0	1,5	Fe₃C Mo₂C	0,55	0,20	0,32	1,57
			11	500	16082	20	2,2 1)	1)	1,97 / 1,85	13,2 / 13,8	32,7 / 31,4	3,5 / 3,7	43,4 / 43,5	0,2 / 0,6	Fe₃C Mo₂C	0,51 / 0,51	0,18 / 0,18	0,09 / 0,14	1,60 / 1,59
C	I	930°/Luft 3h570°/Luft	6	20	–	93	12,1	62	1,31 / 1,33	6,3 / 6,3	76,6 / 76,5	3,6 / 3,5	5,6 / 5,7	0,8 / 0,8	Fe₃C	0,85 / 0,85	0,38 / 0,38	0,68 / 0,67	1,45 / 1,45
			4	500	1695	50	2,2	5	1,29 / 1,20	9,9 / 10,5	65,9 / 64,6	4,9 / 4,9	11,6 / 12,1	0,7 / 0,8	Fe₃C Mo₂C	0,80 / 0,80	0,37 / 0,37	0,60 / 0,60	1,45 / 1,45
	II	930°/Oel 2h620°	14	500	45	30	1)	1)	2,11 / 2,11	13,6 / 13,4	54,1 / 54,2	3,5 / 3;5	21,4 / 21,4	0,4 / 0,4	Fe₃C Mo₂C	0,64 / 0,65	0,36 / 0,36	0,30 / 0,30	1,45 / 1,45
			15	500	3934	30	16,3	61	1,94 / 2,04	16,8 / 16,6	39,8 / 39,8	4,7 / 4,7	31,1 / 31,1	0,6 / 0,6	Fe₃C Mo₂C	0,60 / 0,59	0,34 / 0,33	0,15 / 0,12	1,45 / 1,45
E	I	930°/Luft 3h570°/Luft	6	20	–	106	12,8	59	2,93 / 2,88	6,1 / 5,9	78,1 / 78,6	2,5 / 2,5	5,2 / 5,0	0,9 / 0,9	Fe₃C	0,71 / 0,72	0,32 / 0,32	0,60 / 0,61	1,45 / 1,45
			5	500	1244	50	0,9	0	3,44 / 3,30	7,9 / 7,7	71,5 / 72,3	3,5 / 3,4	9,3 / 8,8	0,7 / 0,7	Fe₃C	0,62 / 0,64	0,27 / 0,28	0,43 / 0,46	1,46 / 1,46

1) Nicht gebrochen

Bei allen untersuchten Proben wurde im Karbidrückstand eine Anreicherung an Chrom, Mangan und Molybdän gegenüber der Durchschnittszusammensetzung des Stahles gefunden. Bei den nicht oder nur kurzzeitig bei 500° geglühten oder im Dauerstandversuch beanspruchten Proben der Wärmebehandlungszustände der Gruppe I mit niedriger Anlaßtemperatur (570°) liegt das Karbid nach dem Röntgenschaubild durchweg in der Form des Eisenkarbids Fe_3C mit verhältnismäßig niedrigen Gehalten an Chrom, Mangan und Molybdän vor. Im Verlauf der langzeitigen Glühung und Beanspruchung bei 500° nimmt der Gehalt an Chrom und Molybdän im Isolierungsrückstand beträchtlich zu, in wesentlich schwächerem Ausmaß und nicht immer eindeutig auch der Mangangehalt. Dagegen fällt der Eisengehalt im Rückstand beträchtlich ab. Der Nickelgehalt, der im Ausgangszustand vielfach etwa in der Höhe des Durchschnittsgehalts des Stahles liegt, sinkt auf noch kleinere Werte. Ein merklicher Einfluß der Beanspruchung auf diese Veränderungen tritt dabei nicht in Erscheinung.

Aus der Menge und Zusammensetzung der Isolierungsrückstände läßt sich, unter der Annahme einer vollständigen Erfassung der Karbide und eines dem Eisenkarbid entsprechenden Kohlenstoffgehalts, auch die Zusammensetzung der ferritischen Grundmasse angenähert berechnen. Die so erhaltenen Werte sind in Tabelle 4 mitaufgeführt. Entsprechend der Anreicherung an Chrom und Molybdän im Karbidrückstand zeigt sich eine Verarmung der Grundmasse an diesen Elementen, während der Nickelgehalt ziemlich unverändert bleibt und auch der Mangangehalt sich nur wenig ändert.

In Abbildung 23a sind für den Stahl B, für den die meisten Isolierungsergebnisse von Proben der Wärmebehandlungszustände der Gruppe I mit niedriger Anlaßtemperatur vorliegen, die Veränderungen im Molybdän-, Chrom- und Eisengehalt des Karbidrückstands und die entsprechenden Veränderungen im Molybdän- und Chromgehalt der Grundmasse in Abhängigkeit von der Glüh- und Beanspruchungsdauer schaubildlich wiedergegeben.

Bei den Isolierungsversuchen an Proben mit mehr als 500 h <u>Glüh-</u> oder <u>Beanspruchungszeit</u> bei 500° verblieb ein Teil des Isolats beim Ausschleudern als kolloidaler Anteil in der Flüssigkeit und konnte erst nach Ausflockung in einer Zentrifuge, wenn auch nicht ganz vollständig, zum Absetzen gebracht werden. Bei der Röntgenuntersuchung ergaben sich für den nichtkolloidalen Anteil die Linien des Eisenkarbids Fe_3C, für den kolloidalen Anteil die Linien des Molybdänkarbids Mo_2C. Entsprechend ergaben die getrenn-

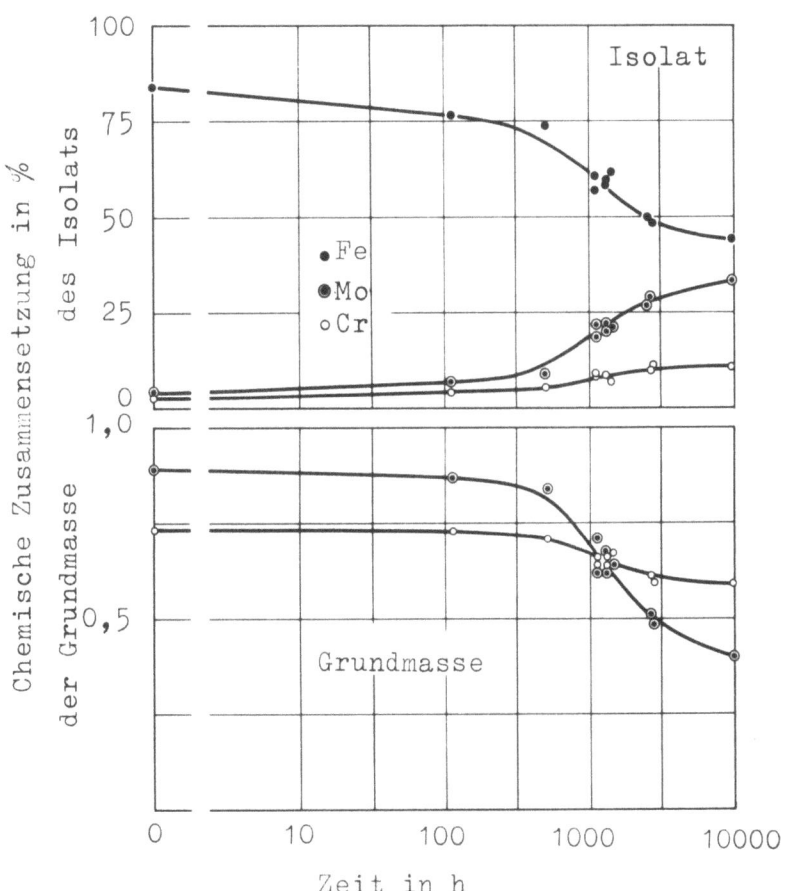

Abbildung 23a

Änderung der Zusammensetzung des Isolats und der Grundmasse beim Zeitstandversuch an Proben des Stahles B mit 0,14 % C. Wärmebehandlung Gruppe I mit hoher DVM-Kriechgrenze

ten Analysen für den kolloidalen Anteil einen hohen Gehalt an Molybdän, für den nichtkolloidalen Anteil einen hohen Gehalt an Eisen, wie in Tabelle 5 für die Probe Nr. 42 als Beispiel gezeigt wird. Für die Gesamtanalyse des Isolats wurde der kolloidale Anteil dem übrigen Rückstand beigefügt und ist daher in der in Tabelle 4 angegebenen Gesamtmenge und -zusammensetzung des Isolats enthalten.

Das Molybdänkarbid Mo_2C tritt bei den vorliegenden Versuchen nach mehr als 500stündiger Dauer nachweisbar in Erscheinung, und zwar in so feiner Verteilung, daß es nur im kolloidalen Anteil gefunden wird. Dieser Anteil besitzt, wie Tabelle 5 zeigt, einen nicht unbeträchtlichen Chromgehalt bei niedrigen Eisen- und Mangangehalten. Damit steht in Übereinstimmung, daß mit dem in Abbildung 23a gezeigten starken Anstieg des Molybdängehalts im Gesamtisolat auch ein geringerer Anstieg des Chromgehalts verbunden ist.

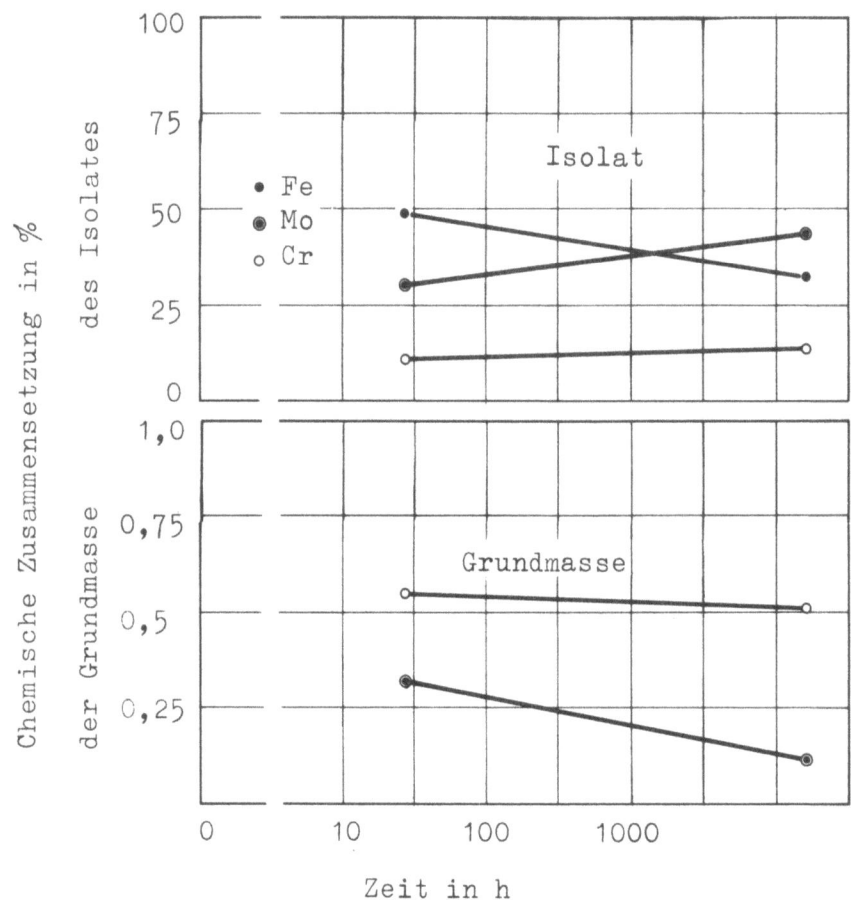

Abbildung 23b

Änderung der Zusammensetzung des Isolats und der Grundmasse beim Zeitstandversuch an Proben des Stahles B mit 0,14 % C. Wärmebehandlung Gruppe II mit niedriger DVM-Kriechgrenze

Tabelle 5

Zusammensetzung der verschiedenen Anteile des Isolats der Probe Nr. 42 des Stahles B (Behandlung: 930°/Luft, 3 h 570°/Ofen, 9677 h bei 500° mit 40 kg/mm² Belastung)

	Menge %	Cr %	Fe %	Mn %	Mo %	Ni %
Gesamt-Isolat	1,62	11,1	44,7	3,4	33,4	0,67
Kolloidaler Anteil	0,66	15,5	11,1	1,1	66,6	<0,1
Nichtkolloidaler Anteil	0,96	8,4	69,0	5,0	10,0	0,9

Daß gleichzeitig mit dem Anstieg des Molybdängehalts eine Abnahme des Eisengehalts stattfindet, läßt darauf schließen, daß die Entstehung des chromhaltigen Molybdänkarbids mit einer teilweisen Auflösung des Eisenkarbids Fe_3C verbunden ist, da nicht anzunehmen ist, daß nach der vorausgegangenen dreistündigen Anlaßbehandlung bei 570° noch größere Mengen von Kohlenstoff im Ferrit der Grundmasse gelöst sind.

Als Beispiel für das Aussehen der isolierten Karbide sind in den Abbildungen 24 und 25 elektronenmikroskopische Aufnahmen der Isolierungsrückstände von Proben aus dem Stahl B im oelvergüteten Ausgangszustand mit 570° Anlaßtemperatur sowie nach 2738 h Belastung mit 40 kg/mm^2 im Dauerstandversuch bei 500° wiedergegeben. Im luftvergüteten Ausgangszustand zeigen sich nur die bekannten langgestreckten blättrigen Formen des bei der Umwandlung in der Zwischenstufe gebildeten Eisenkarbids (Abb. 24) (26). Nach der langzeitigen Dauerstandbeanspruchung bei 500° treten neben dem beim Anlassen gebildeten Eisenkarbid noch feine schmale Nädelchen im Karbidrückstand auf (Abb. 25, vgl. auch Abb. 26). Wie aus den elektronenmikroskopischen Gefügebeobachtungen von F. WEVER und A. SCHRADER (27) an den gleichen Proben hervorgeht, wird man annehmen können, daß diese feinen Nädelchen das röntgenographisch gefundene Karbid Mo_2C darstellen. Ihre geringe Größe macht verständlich, daß sie beim Abschleudern des Rückstandes als kolloidaler Anteil verbleiben.

Ähnliche nadelförmige Karbide gleicher Größenordnung sind auch von L. HABRAKEN (28) beim langzeitigen Anlassen eines Chrom-Molybdän-Stahles mit 0,015 % C, 2,3 % Cr, 1 % Mo bei 550° im Isolierungsrückstand beobachtet worden. Da ihre Natur zunächst nicht ermittelt werden konnte, wurden sie von HABRAKEN als "Phase X" bezeichnet. Auf Grund nachträglicher Untersuchungen (28) soll dieses Karbid mit dem von K. KUO (29) festgestellten Karbid Mo_aC_b mit noch unbekannter Gitterstruktur übereinstimmen. K. KUO (29) beobachtete dieses Karbid z.B. beim langzeitigen Anlassen eines von 1200° abgeschreckten Molybdänstahles mit 0,23 % C, 0,80 % Mo neben Mo_2C als Übergangskarbid, wobei neben Fe_3C zunächst Mo_2C, dann Mo_2C und Mo_aC_b nebeneinander auftraten, um bei Anlaßzeiten von 2000 und 5000 h zugunsten des Gleichgewichtskarbids MoC wieder zu verschwinden. Ob bei den für die vorliegende Untersuchung verwendeten mehrfach legierten Stählen mit ähnlichen Karbidreaktionen zu rechnen ist und ob bei der wesentlich niedrigeren Temperatur von 500° die Bildung des Gleichgewichtskarbids MoC überhaupt möglich ist, kann nur durch weitere Untersuchungen geklärt werden. Das

 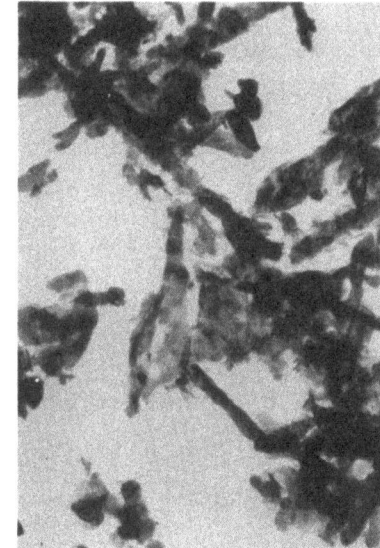 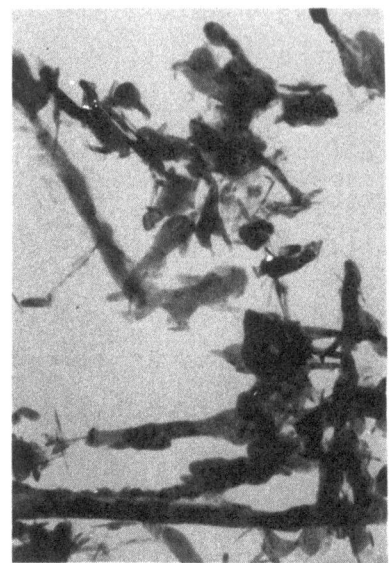

Abbildung 24
Probe-Nr. 38; Behandlung: 930°/Luft, 3h570°/Ofen (15000:1)

Abbildung 25
Probe-Nr. 32; Behandlung: 930°/Oel, 3h570°/Ofen; 2738 h bei 500° mit 40 kg/mm² belastet (30000:1)

Abbildung 26
Probe-Nr. 1; Behandlung: 930°/Oel, 3h640°/Ofen; 28 h bei 500° mit 40 kg/mm² belastet (30000:1)

Abbildungen 24 bis 26
Elektronenmikroskopische Aufnahmen der isolierten Karbide des Stahles B mit 0,14 % C

Karbid Mo_aC_b wurde in den vorliegenden Stählen nicht beobachtet.

Im Gegensatz zu Stahl B war bei den höher kohlenstoffhaltigen Stählen C und E im Wärmebehandlungszustand der Gruppe I mit niedriger Anlaßtemperatur nach 1695 und 1244 h Belastungsdauer im Zeitstandversuch bei 500° nur das Eisenkarbid Fe_3C im Rückstand röntgenographisch nachzuweisen. Im Isolierungsrückstand ist zwar Molybdän erheblich angereichert, erreicht aber noch nicht die hohen Werte wie bei den Proben aus Stahl B, in denen Mo_2C nachgewiesen werden konnte. Ob und wieweit auch hier neben dem Eisenkarbid geringe Mengen von feinverteiltem Mo_2C vorhanden sind, die sich bei der beschränkten Empfindlichkeit der Röntgenprüfung dem Nachweis entziehen, muß offenbleiben.

Anders ist das Bild bei den Proben, die in den Wärmebehandlungszuständen der Gruppe II mit hoher Anlaßtemperatur (620 bis 660°) vorliegen. Hier ist wegen der höheren Anlaßtemperatur schon im oel- oder wasservergüteten Ausgangszustand bei allen untersuchten Stählen A, B und C eine Anreicherung des Molybdäns und Chroms im Isolierungsrückstand bei gleichzeitiger Verarmung an Eisen festzustellen, die die im luftvergüteten niedrig angelassenen Zustand bei langzeitiger Glühung und Beanspruchung bei 500° sich einstellenden Werte zumindest erreicht und vielfach sogar noch beträchtlich überschreitet. Bei langzeitiger Beanspruchung bei 500° setzt sich die Anreicherung an Chrom und Molybdän, wenn auch naturgemäß in schwächerem Ausmaß, noch weiter fort, ebenso die Abnahme des Eisengehalts. Durch die Anreicherung von Molybdän und Chrom im Karbidrückstand sinkt vor allem der Molybdängehalt der Grundmasse auf sehr niedrige Werte ab, während der Chromgehalt weniger stark abfällt. In Abbildung 23b sind diese Veränderungen für den Stahl B im Vergleich zu den im Wärmebehandlungszustand der Gruppe I eintretenden Veränderungen (Abb. 23a) schaubildlich wiedergegeben.

Nach dem Röntgenbefund tritt schon im Ausgangszustand das Molybdänkarbid Mo_2C neben dem Eisenkarbid Fe_3C auf; bei dem sehr niedrig kohlenstoffhaltigen Stahl A war nur das Molybdänkarbid nachzuweisen.

Bei Betrachtung im Elektronenmikroskop findet man im Isolierungsrückstand der im Zeitstandversuch mit 40 kg/mm^2 Belastung schon nach 28 h mit guter Bruchdehnung und Brucheinschnürung gebrochenen Probe Nr. 1 des Stahles B im oelvergüteten Zustand neben den groben Eisenkarbiden in größerer Menge feine Nädelchen von Mo_2C-Karbid (Abb. 26). Trotz der beträchtlich höheren Bildungstemperatur - nach den vorliegenden Beobachtungen ist anzunehmen, daß sie sich im wesentlichen schon bei der Anlaßbehandlung bei 640° gebildet haben - erscheinen sie nur verhältnismäßig wenig gröber ausgebildet als die im niedrig angelassenen Zustand bei der langzeitigen Beanspruchung bei 500° ausgeschiedenen Nädelchen (Abb. 25; vgl. dazu auch die von F. WEVER und A. SCHRADER (27) wiedergegebenen elektronenmikroskopischen Gefügebeobachtungen.)

6. Schlußfolgerungen

Nach den vorliegenden Versuchsergebnissen ist für das Kriech- und Bruchverhalten der untersuchten Stähle in erster Linie die Anlaßtemperatur und die dadurch bedingte Ausbildung der Karbidphase maßgebend, während der Einfluß des bei der γ-α-Umwandlung gebildeten Gefüges (Martensit oder Zwischenstufengefüge) demgegenüber weitgehend zurücktritt. Der hohe

Kriechwiderstand der Stähle im nicht oder 3 h bei 570° angelassenen Zustand ist nach dem Ergebnis der Karbidisolierungsversuche darauf zurückzuführen, daß während des Zeitstandversuchs bei 500° eine Ausscheidung von sehr fein verteiltem Mo_2C eintritt. Da diese Ausscheidungen erst nach Glüh- oder Belastungszeiten von mehr als 500 h nachweisbar sind, während der hohe Kriechwiderstand schon im Ausgangszustand vorhanden ist, ist anzunehmen, daß bereits die im Isolierungsversuch nicht erfaßbaren Vor- und Anfangszustände der Ausscheidung den hohen Kriechwiderstand bewirken. Diese Anschauung wird auch durch die von F. WEVER und A. SCHRADER (27) mitgeteilten elektronenmikroskopischen Gefügebeobachtungen gestützt.

In den 2 h bei 620° bis 660° angelassenen Proben wird die Ausscheidung des Mo_2C schon bei der Anlaßbehandlung zum überwiegenden Teil vorweggenommen, wobei die Ausscheidung wegen der höheren Temperatur in gröberer Form und Verteilung erfolgt. Zugleich tritt eine erhebliche Verarmung der Grundmasse an Molybdän ein, die sich durch weitere Ausscheidungen während des Zeitstandversuchs noch fortsetzt. Die starke Molybdänverarmung der Grundmasse und die dadurch bedingte Verringerung der Ausscheidung während des Zeitstandversuchs machen es verständlich, daß der Kriechwiderstand der hoch angelassenen Proben ganz allgemein wesentlich niedriger liegt als der der nicht oder niedrig angelassenen Proben.

Der Unterschied im Kriechwiderstand kann zugleich auch als maßgebend für das unterschiedliche Bruchverhalten angesehen werden. Der hohe Kriechwiderstand der nicht oder niedrig angelassenen Proben führt dazu, daß das Korninnere hohe Spannungen ohne Verformung ertragen kann. Das Fließen setzt dann bevorzugt in den Korngrenzen ein und führt schließlich zum Aufreißen der Korngrenzen, noch ehe das Korninnere selbst sich wesentlich verformt (30). Ob und wieweit die Ausscheidung feiner Karbide auf den Korngrenzen und die dadurch bedingte Molybdänverarmung hierbei mit eine Rolle spielen, bleibt offen. Bei den hoch angelassenen Proben führt der verringerte Kriechwiderstand dazu, daß das Korn selbst schon bei geringeren Spannungen sich verformt. Die Verspannung der Korngrenzen bleibt damit geringer, so daß es auch in langen Zeiten nicht zu einem Aufreißen der Korngrenzen kommen kann.

Auch bei den nicht oder niedrig angelassenen Proben führt die beim Zeitstandversuch bei 500° eintretende Ausscheidung des Molybdänkarbids Mo_2C zu einer wenn auch nur langsam fortschreitenden Verarmung der Grundmasse an Molybdän. Der Gefügezustand strebt demnach in bezug auf die Karbidphase letzten Endes auch hier dem bei hoher Anlaßtemperatur schon im Ausgangszustand erreichten zu, so daß in sehr langen Zeiten wohl mit einer entsprechenden Erniedrigung des Kriechwiderstandes zu rechnen sein dürfte. Wenn dies auch in den hier untersuchten verhältnismäßig kurzen Versuchszeiten noch nicht beobachtet wurde, so erscheint doch bemerkenswert, daß bei den im Schrifttum vorliegenden Untersuchungen an diesem Stahl verschiedentlich nach sehr langen Versuchszeiten ein Wiederansteigen der Bruchdehnung gefunden wurde (16, 19, 23). Eine endgültige Klärung der hier aufgeworfenen Fragen muß weiteren Untersuchungen vorbehalten bleiben. Die vorliegende Untersuchung zeigt, daß der eingeschlagene Weg sicherlich die Möglichkeit gibt, die Erkenntnis über die wahren Ursachen des unterschiedlichen Kriech- und Bruchverhaltens wesentlich zu fördern und zu vertiefen.

7. Zusammenfassung

An fünf warmfesten Chrom-Nickel-Molybdän-Stählen mit 0,04 bis 0,30 % C, 0,5 bis 0,9 % Cr, 1,4 bis 1,6 % Ni, 0,7 bis 0,9 % Mo wurde das Kriech- und Bruchverhalten im Zeitstandversuch bei 500° in verschiedenen Wärmebehandlungszuständen (luft- oder oelvergütet mit 570° Anlaßtemperatur, zwischenstufenvergütet bei 350 und 450° ohne Anlaßbehandlung, oel- oder wasservergütet mit 620 bis 660° Anlaßtemperatur) geprüft. Es zeigte sich, daß für das Verhalten der untersuchten Stähle in erster Linie die Anlaßtemperatur und die dadurch bedingte Ausbildung der Karbidphase maßgebend sind, während der Einfluß des bei der γ-α-Umwandlung gebildeten Umwandlungsgefüges (Martensit oder Zwischenstufengefüge) demgegenüber weitgehend zurücktritt. Bei allen Stählen ergaben Proben, die bei 570° angelassen oder bei 350 oder 450° zwischenstufenvergütet waren, eine hohe DVM-Kriechgrenze und eine hohe 1000-h-Zeitstandfestigkeit, brachen aber in allen Fällen mit geringer Verformung in den Korngrenzen. Demgegenüber wurden bei Anlaßtemperaturen von 620 bis 660° (je nach Kohlenstoffgehalt des Stahles) eine niedrigere DVM-Kriechgrenze und eine niedrigere 1000-h-Zeitstandfestigkeit gefunden, wobei die Proben jedoch durchweg mit guter Bruchdehnung und Brucheinschnürung brachen.

Durch Isolierung der Karbide aus den Zeitstandproben wurde festgestellt, daß bei den nicht oder niedrig angelassenen Proben während des Zeitstandversuchs bei 500° eine Ausscheidung von sehr fein verteiltem Molybdänkarbid Mo_2C eintritt, die nach Glüh- oder Belastungszeiten von mehr als 500 h nachweisbar in Erscheinung tritt. Man kann annehmen, daß diese Ausscheidung oder deren Vor- und Anfangszustände den hohen Kriechwiderstand bewirken. Bei den höher angelassenen Proben wird diese Ausscheidung zum überwiegenden Teil schon bei der Anlaßbehandlung vorweggenommen, wobei die Ausscheidung wegen der höheren Temperatur in etwas gröberer Form und Verteilung erfolgt. Hieraus und aus der durch die Mo_2C-Ausscheidung bedingten Molybdänverarmung der Grundmasse erklärt sich der niedrigere Kriechwiderstand in diesem Zustand. Das unterschiedliche Bruchverhalten ergibt sich nach diesem Befund daraus, daß bei dem hohen Kriechwiderstand des nicht oder niedrig angelassenen Zustands das Korninnere hohe Spannungen ohne Verformung ertragen kann, so daß das Fließen bevorzugt an den Korngrenzen eintritt und schließlich zum Aufreißen der Korngrenzen führt, noch ehe das Korn selbst sich wesentlich verformt, während bei dem hoch angelassenen Zustand infolge des geringeren Kriechwiderstands und der dadurch bedingten Verformung des Kornes die Verspannung der Korngrenzen geringer bleibt.

Prof.Dr.phil. Franz WEVER, Düsseldorf
Dr.-Ing.habil. Alfred KRISCH, Düsseldorf
Dr.-Ing. Hans-Joachim WIESTER, Essen

Max-Planck-Institut für Eisenforschung, Düsseldorf

Forschungsberichte des Wirtschafts- und Verkehrsministeriums Nordrhein-Westfalen

8. Literaturverzeichnis

(1) RUTTMANN, W. — Mitt.Verein.Großkesselbes.Nr. 70, 1938, S. 292/95

(2) TOFAUTE, W. — Erörterungsbeitrag zu SIEBEL, E. u. K. WELLINGER: Arch.Eisenhüttenw. 13 (1939/40) S. 387/96 Werkst.-Aussch.492)

(3) HOUDREMONT, E. — Mitt.Verein.Großkesselbes.Nr. 63, 1937, S. 229/42. - Derselbe: Stahl u. Eisen 59 (1939) S.1/8 u. 33/39

(4) WHITE, A.E., C.L. CLARK u. R.L. WILSON — Proc.Amer.Soc. Test.Mater. 35 (1935) II, S. 167/92. - Dieselben: Trans.Amer.Soc. Metals 25 (1937) S. 863/88. - Dieselben: Trans.Amer.Soc.Metals 26 (1938) S. 52/80

(5) THIELEMANN, R.H. u. E.R. PARKER — Trans.Amer.Inst.min. metallurg., Engr.Iron Steel Div. 135 (1939) S. 559/82

(6) SIEBEL, E. u. K. WELLINGER — Arch.Eisenhüttenw. 13 (1939/40) S. 387/92 (Werkst.-Aussch. 492)

(7) THUM, A. u. K. RICHARD — Arch.Eisenhüttenw. 15 (1941/42) S. 33/45 (Werkst.-Aussch. 544). - Dieselben: Mitt. Verein. Großkesselbes. Nr. 85, 1941, S. 171/97

(8) BANDEL, G. u. H. NEUMEISTER — Unveröff.Untersuchungen

(9) THIELEMANN, R.H. — Trans.Amer.Soc.Metals 29 (1941) S. 355/72

(10) MORLET, E. — Métaux 19 (1944) Nr. 221, S. 1/9

(11) AGNEW, J.T., G.A. HAWKINS u. H.L. SOLBERG — Trans.Amer.Soc. mech.Eng. 68 (1946) S. 309/15

(12) RUTTMANN, W., G. BANDEL u. R. SCHINN — Arch.Eisenhüttenw. 21 (1950) S. 225/33 (Werkst.-Aussch.715)

(13) SMITH, G.V., W.B. SEENS u. E.J. DULIS — Proc.Amer.Soc.Test. Mater. 50 (1950) S. 882/94

(14) SIEGFRIED, W. — Rev.Métallurg.Mém. 48 (1951) S. 413/33

(15) THEIS, E. — Stahl u. Eisen 71 (1951) S. 619/24 (Werkst.-Aussch.744). - Derselbe: Schweiz.Arch.angew. Wiss.Techn. 19 (1953) S. 300/15

(16) HOLDT, H. — Schweiz.Arch.angew.Wiss.Techn. 19 (1953) S. 99/105

(17) HOLDT, H. — Z.Ver.Dt.Ing. 96 (1954) S. 1091/98

(18) THUM, A. u. K. RICHARD Arch.Eisenhüttenw. 20 (1949), S. 229/42 (Werkst.-Aussch. 684)

(19) THUM, A. u. K. RICHARD Schweiz.Arch.angew.Wiss.Techn. 19 (1953) S. 235/45

(20) KLINGER, P. u. W. KOCH Beiträge zur metallkundlichen Analyse. Düsseldorf 1949

(21) KREITZ, K. u. F. NEHL Kesselbaustähle. In: Werkstoffhandbuch Stahl u. Eisen. Hrsg. vom Verein Deutscher Eisenhüttenleute. 3. Aufl. Düsseldorf 1953. Bl. Q 31-1/Q31-10.- Siehe auch Stahleisen-Werkstoffblatt 630-51. Warmfeste Stähle für Schrauben und Muttern.- 1.Ausg.Sept.1951.

(22) POMP, A. Zugversuche bei hohen Temperaturen. In: Handbuch der Werkstoffprüfung. Hrsg. von E. Siebel. Bd. 2, Berlin 1939, S. 239

(23) BENNEK, H. u. G. BANDEL Techn.Mitt.KRUPP, A. Forsch.-Ber. 6 (1943) S. 143/76; Stahl u. Eisen 63 (1943) S. 653/59, 673/84 u. 695/700 (Werkst.-Aussch. 632)

(24) KRISCH, A. Arch.Eisenhüttenw. 20 (1949) S. 395/99 (Mitt. Max-Planck-Inst.Eisenforschg. Abh. 506).- Siehe auch KRISCH, A.: Warmstreckgrenzen-Bestimmung und Kriechversuch (Dauerstandfestigkeit). In: Werkstoff-Handbuch Stahl u. Eisen. Hrsg. vom Verein Deutscher Eisenhüttenleute. 3. Aufl. Düsseldorf 1953. Bl. C 44-1/C 44-8

(25) WEVER, F., W.A. FISCHER u. H. ENGELBRECHT Stahl u. Eisen 74 (1954) S. 1521/26 (Mitt. Max-Planck-Inst.Eisenforschg., Abh. 613 u. Werkstoff.-Aussch. 918)

(26) Vgl. hierzu z.B. WEVER, F. u. W. KOCH Stahl u. Eisen 74 (1954) S. 989/1000 (Mitt. Max-Planck-Inst.Eisenforschg., Abh. 603 u. Werkst.-Aussch. 904)

(27) WEVER, F. u. A. SCHRADER Arch. Eisenhüttenw. 26 (1955) S. 475/81 (Mitt.Max-Planck-Inst.Eisenforschg., Abh. 640, u. Werkst.-Aussch. 961)

(28) HABRAKEN, L. Sur la metallographie electronique. Liège 1953. S. 97 ff. u. 116/21, sowie Nachtrag S. 3

(29) KUO, K. J. Iron Steel Inst. 173 (1953) S. 363/75

(30) Den Versuch einer theoretischen Deutung des interkristallinen Aufreißens im Zeitstandversuch gibt A. KOCHENDÖRFER: A theory of brittle and ductile fracture, with application to creep fracture, based on the dynamic

behaviour of dislocations and condensation of vacancies. Symposium on creep and fracture of metals at high temperatures. 31.5. bis 2.6.54, National Physical Laboratory Teddington.-Vgl. auch KOCHENDÖRFER, A.: Arch.Eisenhüttenw. 25 (1954) S. 351/72 (Mitt.Max-Planck-Inst.Eisenforschg., Abh. 604, u. Werkst.-Aussch. 906).

FORSCHUNGSBERICHTE
DES WIRTSCHAFTS- UND VERKEHRSMINISTERIUMS
NORDRHEIN-WESTFALEN

Herausgegeben von Staatssekretär Prof. Leo Brandt

HEFT 1
Prof. Dr.-Ing. E. Flegler, Aachen
Untersuchungen oxydischer Ferromagnet-Werkstoffe
1952, 20 Seiten, DM 6,75

HEFT 2
Prof. Dr. W. Fuchs, Aachen
Untersuchungen über absatzfreie Teeröle
1952, 32 Seiten, 5 Abb., 6 Tabellen, DM 10,—

HEFT 3
Techn.-Wissenschaftl. Büro für die Bastfaserindustrie, Bielefeld
Untersuchungsarbeiten zur Verbesserung des Leinenwebstuhls
1952, 44 Seiten, 7 Abb., 3 Tabellen, DM 12,50

HEFT 4
Prof. Dr. E. A. Müller und Dipl.-Ing. H. Spitzer, Dortmund
Untersuchungen über die Hitzebelastung in Hüttebetrieben
1952, 28 Seiten, 5 Abb., 1 Tabelle, DM 9,—

HEFT 5
Dipl.-Ing. W. Fister, Aachen
Prüfstand der Turbinenuntersuchungen
1952, 40 Seiten, 30 Abb., 3 Schaltbilder, DM 1,—

HEFT 6
Prof. Dr. W. Fuchs, Aachen
Untersuchungen über die Zusammensetzung und Verwendbarkeit von Schwelteerfraktionen
1952, 36 Seiten, DM 10,50

HEFT 7
Prof. Dr. W. Fuchs, Aachen
Untersuchungen über emsländisches Petrolatum
1952, 36 Seiten, 1 Abb., 17 Tabellen, DM 10,50

HEFT 8
M. E. Meffert und H. Stratmann, Essen
Algen-Großkulturen im Sommer 1951
1953, 52 Seiten, 4 Abb., 20 Tabellen, DM 9,75

HEFT 9
Techn.-Wissenschaftl. Büro für die Bastfaserindustrie, Bielefeld
Untersuchungen über die zweckmäßige Wicklungsart von Leinengarnkreuzspulen unter Berücksichtigung der Anwendung hoher Geschwindigkeiten des Garnes
Vorversuche für Zetteln und Schären von Leinengarnen auf Hochleistungsmaschinen
1952, 48 Seiten, 7 Abb., 7 Tabellen, DM 9,25

HEFT 10
Prof. Dr. W. Vogel, Köln
„Das Streifenpaar" als neues System zur mechanischen Vergrößerung kleiner Verschiebungen und seine technischen Anwendungsmöglichkeiten
1953, 20 Seiten, 6 Abb., DM 4,50

HEFT 11
Laboratorium für Werkzeugmaschinen und Betriebslehre, Technische Hochschule Aachen
1. Untersuchungen über Metallbearbeitung im Fräsvorgang mit Hartmetallwerkzeugen und negativem Spanwinkel
2. Weiterentwicklung des Schleifverfahrens für die Herstellung von Präzisionswerkstücken unter Vermeidung hoher Temperaturen
3. Untersuchung von Oberflächenveredlungsverfahren zur Steigerung der Belastbarkeit hochbeanspruchter Bauteile
1953, 80 Seiten, 61 Abb., DM 15,75

HEFT 12
Elektrowärme-Institut, Langenberg (Rhld.)
Induktive Erwärmung mit Netzfrequenz
1952, 22 Seiten 6 Abb., DM 5,20

HEFT 13
Techn.-Wissenschaftl. Büro für die Bastfaserindustrie, Bielefeld
Das Naßspinnen von Bastfasergarnen mit chemischen Zusätzen zum Spinnbad
1953, 52 Seiten, 4 Abb., 19 Tabellen, DM 10,—

HEFT 14
Forschungsstelle für Acetylen, Dortmund
Untersuchungen über Aceton als Lösungsmittel für Acetylen
1952, 64 Seiten, 10 Abb., 26 Tabellen, DM 12,25

HEFT 15
Wäschereiforschung Krefeld
Trocknen von Wäschestoffen
1953, 48 Seiten, 14 Abb., 2 Tabellen, DM 9,—

HEFT 16
Max-Planck-Institut für Kohlenforschung, Mülheim a. d. Ruhr
Arbeiten des MPI für Kohlenforschung
1953, 104 Seiten, 9 Abb., DM 17,80

HEFT 17
Ingenieurbüro Herbert Stein, M.-Gladbach
Untersuchung der Verzugsvorgänge in den Streckwerken verschiedener Spinnereimaschinen. 1. Bericht: Vergleichende Prüfung mit verschiedenen Dickenmeßgeräten
1952, 36 Seiten, 15 Abb., DM 8,—

HEFT 18
Wäschereiforschung Krefeld
Grundlagen zur Erfassung der chemischen Schädigung beim Waschen
1953, 68 Seiten, 15 Abb., 15 Tabellen, DM 12,75

HEFT 19
Techn.-Wissenschaftl. Büro für die Bastfaserindustrie, Bielefeld
Die Auswirkung des Schlichtens von Leinengarnketten auf den Verarbeitungswirkungsgrad, sowie die Festigkeit und Dehnungsverhältnisse der Garne und Gewebe
1953, 48 Seiten, 1 Abb., 9 Tabellen, DM 9,—

HEFT 20
Techn.-Wissenschaftl. Büro für die Bastfaserindustrie, Bielefeld
Trocknung von Leinengarnen I
Vorgang und Einwirkung auf die Garnqualität
1953, 62 Seiten, 18 Abb., 5 Tabellen, DM 12,—

HEFT 21
Techn.-Wissenschaftl. Büro für die Bastfaserindustrie, Bielefeld
Trocknung von Leinengarnen II
Spulenanordnung und Luftführung beim Trocknen von Kreuzspulen
1953, 66 Seiten, 22 Abb., 9 Tabellen, DM 13,—

HEFT 22
Techn.-Wissenschaftl. Büro für die Bastfaserindustrie, Bielefeld
Die Reparaturanfälligkeit von Webstühlen
1953, 28 Seiten, 7 Abb., 5 Tabellen, DM 5,80

HEFT 23
Institut für Starkstromtechnik, Aachen
Rechnerische und experimentelle Untersuchungen zur Kenntnis der Metadyne als Umformer von konstanter Spannung auf konstanten Strom
1953, 52 Seiten, 20 Abb., 4 Tafeln, DM 9,75

HEFT 24
Institut für Starkstromtechnik, Aachen
Vergleich verschiedener Generator-Metadyne-Schaltungen in bezug auf statisches Verhalten
1952, 44 Seiten, 23 Abb., DM 8,50

HEFT 25
Gesellschaft für Kohlentechnik mbH., Dortmund-Eving
Struktur der Steinkohlen und Steinkohlen-Kokse
1953, 58 Seiten, DM 11,—

HEFT 26
Techn.-Wissenschaftl. Büro für die Bastfaserindustrie, Bielefeld
Vergleichende Untersuchungen zweier neuzeitlicher Ungleichmäßigkeitsprüfer für Bänder und Garne hinsichtlich ihrer Eignung für die Bastfaserspinnerei
1953, 64 Seiten, 30 Abb., DM 12,50

HEFT 27
Prof. Dr. E. Schratz, Münster
Untersuchungen zur Rentabilität des Arzneipflanzenanbaues Römische Kamille, Anthemis nobilis L.
1953, 16 Seiten, 1 Tabelle, DM 3,60

HEFT 28
Prof. Dr. E. Schratz, Münster
Calendula officinalis L. Studien zur Ernährung, Blütenfüllung und Rentabilität der Drogengewinnung
1953, 24 Seiten, 2 Abb., 3 Tabellen, DM 5,20

HEFT 29
Techn.-Wissenschaftl. Büro für die Bastfaserindustrie, Bielefeld
Die Ausnützung der Leinengarne in Geweben
1953, 100 Seiten, 14 Abb., 10 Tabellen, DM 17,80

HEFT 30
Gesellschaft für Kohlentechnik mbH., Dortmund-Eving
Kombinierte Entaschung und Verschwelung von Steinkohle; Aufarbeitung von Steinkohlenschlämmen zu verkokbarer oder verschwelbarer Kohle
1953, 56 Seiten, 16 Abb., 10 Tabellen, DM 10,50

HEFT 31
Dipl.-Ing. A. Stormanns, Essen
Messung des Leistungsbedarfs von Doppelsteg-Kettenförderern
1954, 54 Seiten, 18 Abb., 3 Anlagen, DM 11,—

HEFT 32
Techn.-Wissenschaftl. Büro für die Bastfaserindustrie, Bielefeld
Der Einfluß der Natriumchloridbleiche auf Qualität und Verwebbarkeit von Leinengarnen und die Eigenschaften der Leinengewebe unter besonderer Berücksichtigung des Einsatzes von Schützen- und Spulenwechselautomaten in der Leinenweberei
1953, 64 Seiten, 2 Abb., 12 Tabellen, DM 11,50

HEFT 33
Kohlenstoffbiologische Forschungsstation e. V.
Eine Methode zur Bestimmung von Schwefeldioxyd und Schwefelwasserstoff in Rauchgasen und in der Atmosphäre
1953, 32 Seiten, 8 Abb., 3 Tabellen, DM 6,50

HEFT 34
Textilforschungsanstalt Krefeld
Quellungs- und Entquellungsvorgänge bei Faserstoffen
1953, 52 Seiten, 13 Abb., 13 Tabellen, DM 9,80

WESTDEUTSCHER VERLAG · KÖLN UND OPLADEN

HEFT 35
Professor Dr. W. Kast, Krefeld
Feinstrukturuntersuchungen an künstlichen Zellulosefasern verschiedener Herstellungsverfahren. Teil I: Der Orientierungszustand
1953, 74 Seiten, 30 Abb., 7 Tabellen, DM 13,80

HEFT 36
Forschungsinstitut der feuerfesten Industrie, Bonn
Untersuchungen über die Trocknung von Rohton
Untersuchungen über die chemische Reinigung von Silika- und Schamotte-Rohstoffen mit chlorhaltigen Gasen
1953, 60 Seiten, 5 Abb., 5 Tabellen, DM 11,—

HEFT 37
Forschungsinstitut der feuerfesten Industrie, Bonn
Untersuchungen über den Einfluß der Probenvorbereitung auf die Kaltdruckfestigkeit feuerfester Steine
1953, 40 Seiten, 2 Abb., 5 Tabellen, DM 7,80

HEFT 38
Forschungsstelle für Acetylen, Dortmund
Untersuchungen über die Trocknung von Acetylen zur Herstellung von Dissousgas
1953, 36 Seiten, 11 Abb., 3 Tabellen, DM 6,80

HEFT 39
Forschungsgesellschaft Blechverarbeitung e. V., Düsseldorf
Untersuchungen an prägegemusterten und vorgelochten Blechen
1953, 46 Seiten, 34 Abb., DM 9,50

HEFT 40
Landesgeologe Dr.-Ing. W. Wolff, Amt für Bodenforschung, Krefeld
Untersuchungen über die Anwendbarkeit geophysikalischer Verfahren zur Untersuchung von Spateisengängen im Siegerland
1953, 46 Seiten, 8 Abb., DM 8,80

HEFT 41
Techn.-Wissenschaftl. Büro für die Bastfaserindustrie, Bielefeld
Untersuchungsarbeiten zur Verbesserung des Leinenwebstuhles II
1953, 40 Seiten, 4 Abb., 5 Tabellen, DM 7,80

HEFT 42
Professor Dr. B. Helferich, Bonn
Untersuchungen über Wirkstoffe — Fermente — in der Kartoffel und die Möglichkeit ihrer Verwendung
1953, 58 Seiten, 9 Abb., DM 11,—

HEFT 43
Forschungsgesellschaft Blechverarbeitung e. V., Düsseldorf
Forschungsergebnisse über das Beizen von Blechen
1953, 48 Seiten, 38 Abb., 2 Tabellen, DM 11,30

HEFT 44
Arbeitsgemeinschaft für praktische Dehnungsmessung, Düsseldorf
Eigenschaften und Anwendungen von Dehnungsmeßstreifen
1953, 68 Seiten, 43 Abb., 2 Tabellen, DM 13,70

HEFT 45
Losenhausenwerk Düsseldorfer Maschinenbau AG., Düsseldorf
Untersuchungen von störenden Einflüssen auf die Lastgrenzenanzeige von Dauerschwingprüfmaschinen
1953, 36 Seiten, 11 Abb., 3 Tabellen, DM 7,25

HEFT 46
Prof. Dr. W. Fuchs, Aachen
Untersuchungen über die Aufbereitung von Wasser für die Dampferzeugung in Benson-Kesseln
1953, 58 Seiten, 18 Abb., 9 Tabellen, DM 11,20

HEFT 47
Prof. Dr.-Ing. K. Krekeler, Aachen
Versuche über die Anwendung der induktiven Erwärmung zum Sintern von hochschmelzenden Metallen sowie zur Anlegierung und Vergütung von aufgespritzten Metallschichten mit dem Grundwerkstoff
1954, 66 Seiten, 39 Abb., DM 13,90

HEFT 48
Max-Planck-Institut für Eisenforschung, Düsseldorf
Spektrochemische Analyse der Gefügebestandteile in Stählen nach ihrer Isolierung
1953, 38 Seiten, 8 Abb., 5 Tabellen, DM 7,80

HEFT 49
Max-Planck-Institut für Eisenforschung, Düsseldorf
Untersuchungen über Ablauf der Desoxydation und die Bildung von Einschlüssen in Stählen
1953, 52 Seiten, 19 Abb., 3 Tabellen, DM 12,40

HEFT 50
Max-Planck-Institut für Eisenforschung, Düsseldorf
Flammenspektralanalytische Untersuchung der Ferritzusammensetzung in Stählen
1953, 44 Seiten, 15 Abb., 4 Tabellen, DM 8,60

HEFT 51
Verein zur Förderung von Forschungs- und Entwicklungsarbeiten in der Werkzeugindustrie e. V., Remscheid
Untersuchungen an Kreissägeblättern für Holz, Fehler- und Spannungsprüfverfahren
1953, 50 Seiten, 23 Abb., DM 10,—

HEFT 52
Forschungsstelle für Acetylen, Dortmund
Untersuchungen über den Umsatz bei der explosiblen Zersetzung von Azetylen
a) Zersetzung von gasförmigem Azetylen
b) Zersetzung von an Silikagel adsorbiertem Azetylen
1954, 48 Seiten, 8 Abb., 10 Tabellen, DM 9,25

HEFT 53
Professor Dr.-Ing. H. Opitz, Aachen
Reibwert und Verschleißmessungen an Kunststoffgleitführungen für Werkzeugmaschinen
1954, 38 Seiten, 18 Abb., DM 8,20

HEFT 54
Professor Dr.-Ing. F. A. F. Schmidt, Aachen
Schaffung von Grundlagen für die Erhöhung der spez. Leistung und Herabsetzung des spez. Brennstoffverbrauches bei Ottomotoren mit Teilbericht über Arbeiten an einem neuen Einspritzverfahren
1954, 34 Seiten, 15 Abb., DM 7,40

HEFT 55
Forschungsgesellschaft Blechverarbeitung e. V. Düsseldorf
Chemisches Glänzen von Messing und Neusilber
1954, 50 Seiten, 21 Abb., 1 Tabelle, DM 10,20

HEFT 56
Forschungsgesellschaft Blechverarbeitung e. V., Düsseldorf
Untersuchungen über einige Probleme der Behandlung von Blechoberflächen
1954, 52 Seiten, 42 Abb., DM 11,20

HEFT 57
Prof. Dr.-Ing. F. A. F. Schmidt, Aachen
Untersuchungen zur Erforschung des Einflusses des chemischen Aufbaues des Kraftstoffes auf sein Verhalten im Motor und in Brennkammern von Gasturbinen
1954, 70 Seiten, 32 Abb., DM 14,60

HEFT 58
Gesellschaft für Kohlentechnik mbH., Dortmund
Herstellung und Untersuchung von Steinkohlenschwelteer
1954, 74 Seiten, 9 Abb., 9 Tabellen, DM 13,75

HEFT 59
Forschungsinstitut der Feuerfest-Industrie e. V., Bonn
Ein Schnellanalysenverfahren zur Bestimmung von Aluminiumoxyd, Eisenoxyd und Titanoxyd in feuerfestem Material mittels organischer Farbreagenzien auf photometrischem Wege
Untersuchungen des Alkali-Gehaltes feuerfester Stoffe mit dem Flammenphotometer nach Riehm-Lange
1954, 62 Seiten, 12 Abb., 3 Tabellen, DM 11,60

HEFT 60
Forschungsgesellschaft Blechverarbeitung e. V., Düsseldorf
Untersuchungen über das Spritzlackieren im elektrostatischen Hochspannungsfeld
1954, 82 Seiten, 53 Abb., 7 Tabellen, DM 17,—

HEFT 61
Verein zur Förderung von Forschungs- und Entwicklungsarbeiten in der Werkzeugindustrie e. V., Remscheid
Schwingungs- und Arbeitsverhalten von Kreissägeblättern für Holz
1954, 54 Seiten, 31 Abb., DM 11,40

HEFT 62
Professor Dr. W. Franz, Institut für theoretische Physik der Universität Münster
Berechnung des elektrischen Durchschlags durch feste und flüssige Isolatoren
1954, 36 Seiten, DM 7,—

HEFT 63
Textilforschungsanstalt Krefeld
Neue Methoden zur Untersuchung der Wirkungsweise von Textilhilfsmitteln
Untersuchungen über Schlichtungs- und Entschlichtungsvorgänge
1954, 34 Seiten, 1 Abb., 5 Tabellen, DM 6,80

HEFT 64
Textilforschungsanstalt Krefeld
Die Kettenlängenverteilung von hochpolymeren Faserstoffen
Über die fraktionierte Fällung von Polyamiden
1954, 44 Seiten, 13 Abb., DM 8,60

HEFT 65
Fachverband Schneidwarenindustrie, Solingen
Untersuchungen über das elektrolytische Polieren von Tafelmesserklingen aus rostfreiem Stahl
1954, 90 Seiten, 38 Abb., 9 Tabellen, DM 17,35

HEFT 66
Dr.-Ing. P. Füsgen VDI †, Düsseldorf
Untersuchungen über das Auftreten des Ratterns bei selbsthemmenden Schneckengetrieben und seine Verhütung
1954, 32 Seiten, 5 Abb., DM 6,60

HEFT 67
Heinrich Wösthoff o. H. G., Apparatebau, Bochum
Entwicklung einer chemisch-physikalischen Apparatur zur Bestimmung kleinster Kohlenoxyd-Konzentrationen
1954, 94 Seiten, 48 Abb., 2 Tabellen, DM 18,25

HEFT 68
Kohlenstoffbiologische Forschungsstation e. V., Essen
Algengroßkulturen im Sommer 1952
II. Über die unsterile Großkultur von Scenedesmus obliquus
1954, 62 Seiten, 3 Abb., 29 Tabellen, DM 11,40

HEFT 69
Wäschereiforschung Krefeld
Bestimmung des Faserabbaues bei Leinen unter besonderer Berücksichtigung der Leinengarnbleiche
1954, 48 Seiten, 15 Abb., 3 Tabellen, DM 9,60

HEFT 70
Wäschereiforschung Krefeld
Trocknen von Wäschestoffen
1954, 52 Seiten, 18 Abb., 3 Tabellen, DM 10,—

HEFT 71
Prof. Dr.-Ing. K. Leist, Aachen
Kleingasturbinen, insbesondere zum Fahrzeugantrieb
1954, 114 Seiten, 85 Abb., DM 22,—

HEFT 72
Prof. Dr.-Ing. K. Leist, Aachen
Beitrag zur Untersuchung von stehenden geraden Turbinengittern mit Hilfe von Druckverteilungsmessungen
1954, 152 Seiten, 111 Abb., DM 36,20

HEFT 73
Prof. Dr.-Ing. K. Leist, Aachen
Spannungsoptische Untersuchungen von Turbinenschaufelfüßen
1954, 66 Seiten, 46 Abb., 2 Tabellen, DM 14,60

HEFT 74
Max-Planck-Institut für Eisenforschung, Düsseldorf
Versuche zur Klärung des Umwandlungsverhaltens eines sonderkarbidbildenden Chromstahls
1954, 58 Seiten, 10 Abb., DM 14,—

HEFT 75
Max-Planck-Institut für Eisenforschung, Düsseldorf
Zeit-Temperatur-Umwandlungs-Schaubilder als Grundlage der Wärmebehandlung der Stähle
1954, 44 Seiten, 13 Abb., DM 8,70

HEFT 76
Max-Planck-Institut für Arbeitsphysiologie, Dortmund
Arbeitstechnische und arbeitsphysiologische Rationalisierung von Mauersteinen
1954, 52 Seiten, 12 Abb., 3 Tabellen, DM 10,20

HEFT 77
Meteor Apparatebau Paul Schmeck GmbH., Siegen
Entwicklung von Leuchtstoffröhren hoher Leistung
1954, 46 Seiten, 12 Abb., 2 Tabellen, DM 9,15

HEFT 78
Forschungsstelle für Acetylen, Dortmund
Über die Zustandsgleichung des gasförmigen Acetylens und das Gleichgewicht Acetylen—Aceton
1954, 42 Seiten, 3 Abb., 8 Tabellen, DM 8,—

HEFT 79
Techn.-Wissenschaftl. Büro für die Bastfaserindustrie, Bielefeld
Trocknung von Leinengarnen III
Spinnspulen- und Spinnkopftrocknung
Vorgang und Einwirkung auf die Garnqualität
1954, 74 Seiten, 18 Abb., 10 Tabellen, DM 14,—

WESTDEUTSCHER VERLAG · KÖLN UND OPLADEN

HEFT 80
Techn.-Wissenschaftl. Büro für die Bastfaserindustrie, Bielefeld
Die Verarbeitung von Leinengarn auf Webstühlen mit und ohne Oberbau
1954, 30 Seiten, 2 Abb., 2 Tabellen, DM 6,—

HEFT 81
Prüf- und Forschungsinstitut für Ziegeleierzeugnisse, Essen-Kray
Die Einführung des großformatigen Einheits-Gitterziegels im Lande Nordrhein-Westfalen
1954, 54 Seiten, 2 Abb., 2 Tabellen, DM 10,—

HEFT 82
Vereinigte Aluminium-Werke AG., Bonn
Forschungsarbeiten auf dem Gebiet der Veredelung von Aluminium-Oberflächen
1954, 46 Seiten, 34 Abb., DM 9,60

HEFT 83
Prof. Dr. S. Strugger, Münster
Über die Struktur der Proplastiden
1954, 30 Seiten, 15 Abb., DM 8,40

HEFT 84
Dr. H. Baron, Düsseldorf
Über Standardisierung von Wundtextilien
1954, 32 Seiten, DM 6,40

HEFT 85
Textilforschungsanstalt Krefeld
Physikalische Untersuchungen an Fasern, Fäden, Garnen und Geweben:
Untersuchungen am Knickscheuergerät nach Weltzien
1954, 40 Seiten, 11 Abb., 8 Tabellen, DM 10,—

HEFT 86
Prof. Dr.-Ing. H. Opitz, Aachen
Untersuchungen über das Fräsen von Baustahl sowie über den Einfluß des Gefüges auf die Zerspanbarkeit
1954, 108 Seiten, 73 Abb., 7 Tabellen, DM 22,—

HEFT 87
Gemeinschaftsausschuß Verzinken, Düsseldorf
Untersuchungen über Güte von Verzinkungen
1954, 68 Seiten, 56 Abb., 3 Tabellen, DM 15,30

HEFT 88
Gesellschaft für Kohlentechnik mbH., Dortmund-Eving
Oxydation von Steinkohle mit Salpetersäure
1954, 62 Seiten, 2 Abb., 1 Tabelle, DM 11,50

HEFT 89
*Verein Deutscher Ingenieure, Gleitlagerforschung, Düsseldorf
und Prof. Dr.-Ing. G. Vogelpohl, Göttingen*
Versuche mit Preßstoff-Lagern für Walzwerke
1954, 70 Seiten, 34 Abb., DM 14,10

HEFT 90
Forschungs-Institut der Feuerfest-Industrie, Bonn
Das Verhalten von Silikasteinen im Siemens-Martin-Ofengewölbe
1954, 62 Seiten, 15 Abb., 11 Tabellen, DM 11,90

HEFT 91
Forschungs-Institut der Feuerfest-Industrie, Bonn
Untersuchungen des Zusammenhangs zwischen Leistung und Kohlenverbrauch von Kammeröfen zum Brennen von feuerfesten Materialien
1954, 42 Seiten, 6 Abb., DM 8,30

HEFT 92
*Techn.-Wissenschaftl. Büro für die Bastfaserindustrie, Bielefeld
und Laboratorium für textile Meßtechnik, M.-Gladbach*
Messungen von Vorgängen am Webstuhl
1954, 76 Seiten, 45 Abb., DM 15,50

HEFT 93
Prof. Dr. W. Kast, Krefeld
Spinnversuche zur Strukturerfassung künstlicher Zellulosefasern
1954, 82 Seiten, 39 Abb., 6 Tabellen, DM 16,—

HEFT 94
Prof. Dr. G. Winter, Bonn
Die Heilpflanzen des MATTHIOLUS (1611) gegen Infektionen der Harnwege und Verunreinigung der Wunden bzw. zur Förderung der Wundheilung im Lichte der Antibiotikaforschung
1954, 58 Seiten, 1 Abb., 2 Tabellen, DM 11,50

HEFT 95
Prof. Dr. G. Winter, Bonn
Untersuchungen über die flüchtigen Antibiotika aus der Kapuziner- (Tropaeolum maius) und Gartenkresse (Lepidium sativum) und ihr Verhalten im menschlichen Körper bei Aufnahme von Kapuziner- bzw. Gartenkressensalat per os
1955, 74 Seiten, 9 Abb., 25 Tabellen, DM 14,—

HEFT 96
Dr.-Ing. P. Koch, Dortmund
Austritt von Exoelektronen aus Metalloberflächen unter Berücksichtigung der Verwendung des Effektes für die Materialprüfung
1954, 34 Seiten, 13 Abb., DM 7,—

HEFT 97
Ing. H. Stein, Laboratorium für textile Meßtechnik, M.-Gladbach
Untersuchung der Verzugsvorgänge an den Streckwerken verschiedener Spinnereimaschinen
2. Bericht: Ermittlung der Haft-Gleiteigenschaften von Faserbändern und Vorgarnen
1955, 98 Seiten, 54 Abb., DM 21,—

HEFT 98
Fachverband Gesenkschmieden, Hagen
Die Arbeitsgenauigkeit beim Gesenkschmieden unter Hämmern
1955, 132 Seiten, 55 Abb., 9 Tabellen, DM 24,75

HEFT 99
Prof. Dr.-Ing. G. Garbotz, Aachen
Der Kraft- und Arbeitsaufwand sowie die Leistungen beim Biegen von Bewehrungsstählen in Abhängigkeit von den Abmessungen, den Formen und der Güte der Stähle (Ermittlung von Leistungsrichtlinien)
1955, 136 Seiten, 53 Abb., 3 Anlagen, 18 Tabellen, DM 30,—

HEFT 100
Prof. Dr.-Ing. H. Opitz, Aachen
Untersuchungen von elektrischen Antrieben, Steuerungen und Regelungen an Werkzeugmaschinen
1955, 166 Seiten, 71 Abb., 3 Tabellen, DM 31,30

HEFT 101
Prof. Dr.-Ing. H. Opitz, Aachen
Wirtschaftlichkeitsbetrachtungen beim Außenrundschleifen
1955, 100 Seiten, 56 Abb., 3 Tabellen, DM 19,30

HEFT 102
Dr. P. Hölemann, Ing. R. Hasselmann und Ing. G. Dix, Dortmund
Untersuchungen über die thermische Zündung von explosiblen Acetylenzersetzungen in Kapillaren
1954, 44 Seiten, 5 Abb., 4 Tabellen, DM 8,60

HEFT 103
Prof. Dr. W. Weizel, Bonn
Durchführung von experimentellen Untersuchungen über den zeitlichen Ablauf von Funken in komprimierten Edelgasen sowie zu deren mathematischen Berechnung
1955, 46 Seiten, 12 Abb., DM 9,10

HEFT 104
Prof. Dr. W. Weizel, Bonn
Über den Einfluß der Elektroden auf die Eigenschaften von Cadmium-Sulfid-Widerstands-Photozellen
1955, 48 Seiten, 12 Abb., DM 9,45

HEFT 105
Dr.-Ing. R. Meldau, Harsewinkel/Westf.
Auswertung von Gekörn — Analysen des Musterstaubes „Flugasche Fortuna I"
1955, 42 Seiten, 14 Abb., DM 8,50

HEFT 106
ORR. Dr.-Ing. W. Küch, Dortmund
Untersuchungen über die Einwirkung von feuchtigkeitsgesättigter Luft auf die Festigkeit von Leimverbindungen
1954, 60 Seiten, 10 Abb., 6 Tabellen, DM 11,40

HEFT 107
Prof. Dr. H. Lange und Dipl.-Phys. P. St. Pütter, Köln
Über die Konstruktion von Laboratoriumsmagneten
1955, 66 Seiten, 19 Abb., 1 Tabelle, DM 12,30

HEFT 108
Prof. Dr. W. Fuchs, Aachen
Untersuchungen über neue Beizmethoden und Beizabwässer
I. Die Entzunderung von Drähten mit Natriumhydrid
II. Die Aufbereitung von Beizabwässern
1955, 82 Seiten, 15 Abb., 14 Tabellen, 1 Falttafel, DM 15,25

HEFT 109
Dr. P. Hölemann und Ing. R. Hasselmann, Dortmund
Untersuchungen über die Löslichkeit von Azetylen in verschiedenen organischen Lösungsmitteln
1954, 42 Seiten, 10 Abb., 8 Tabellen, DM 8,30

HEFT 110
Dr. P. Hölemann und Ing. R. Hasselmann, Dortmund
Untersuchungen über den Druckverlauf bei der explosiblen Zersetzung von gasförmigem Azetylen
1955, 54 Seiten, 10 Abb., 5 Tabellen, DM 11,—

HEFT 111
Fachverband Steinzeugindustrie, Köln
Die Entwicklung eines Gerätes zur Beschickung seitlicher Feuer von Steinzeug-Einzelkammeröfen mit festen Brennstoffen
1955, 46 Seiten, 16 Abb., DM 9,40

HEFT 112
Prof. Dr.-Ing. H. Opitz, Aachen
Verschleißmessungen beim Drehen mit aktivierten Hartmetallwerkzeugen
1954, 44 Seiten, 17 Abb., 6 Tabellen, DM 8,80

HEFT 113
Prof. Dr. O. Graf, Dortmund
Erforschung der geistigen Ermüdung und nervösen Belastung: Studien über die vegetative 24-Stunden-Rhythmik in Ruhe und unter Belastung
1955, 40 Seiten, 12 Abb., DM 8,20

HEFT 114
Prof. Dr. O. Graf, Dortmund
Studien über Fließarbeitsprobleme an einer praxisnahen Experimentieranlage
1954, 34 Seiten, 6 Abb., DM 7,—

HEFT 115
Prof. Dr. O. Graf, Dortmund
Studium über Arbeitspausen in Betrieben bei freier und zeitgebundener Arbeit (Fließarbeit) und ihre Auswirkung auf die Leistungsfähigkeit
1955, 50 Seiten, 13 Abb., 2 Tabellen, DM 9,80

HEFT 116
Prof. Dr.-Ing. E. Siebel und Dr.-Ing. H. Weiss, Stuttgart
Untersuchungen an einigen Problemen des Tiefziehens — I. Teil
1955, 74 Seiten, 50 Abb., 5 Tabellen, DM 14,50

HEFT 117
Dr.-Ing. H. Beißwänger, Stuttgart, und Dr.-Ing. S. Schwandt, Trier
Untersuchungen an einigen Problemen des Tiefziehens — II. Teil
1955, 92 Seiten, 34 Abb., 8 Tabellen, DM 17,70

HEFT 118
Prof. Dr. E. A. Müller und Dr. H. G. Wenzel, Dortmund
Neuartige Klima-Anlage zur Erzeugung ungleicher Luft- und Strahlungstemperaturen in einem Versuchsraum
1955, 68 Seiten, 10 z. T. mehrfarb. Abb., DM 14,—

HEFT 119
Dr.-Ing. O. Viertel, Krefeld
Wäscherei- und energietechnische Untersuchung einer Gemeinschafts-Waschanlage
1955, 50 Seiten, 18 Abb., DM 10,20

HEFT 120
Dipl.-Ing. A. Weisbecker, Lüdenscheid
Über Anfressung an Reinaluminium-Schweißnähten bei der elektrolytischen Oxydation
Gebr. Hörstermann GmbH., Velbert
Entwicklung und Erprobung eines neuartigen Gummibandförderers
1955, 46 Seiten, 18 Abb., DM 9,70

HEFT 121
Dr. H. Krebs, Bonn
I. Die Struktur und die Eigenschaften der Halbmetalle
II. Die Bestimmung der Atomverteilung in amorphen Substanzen
III. Die chemische Bindung in anorganischen Festkörpern und das Entstehen metallischer Eigenschaften
1955, 124 Seiten, 36 Abb., 13 Tabellen, DM 22,90

HEFT 122
Prof. Dr. W. Fuchs, Aachen
Untersuchungen zur Verbesserung der Wasseraufbereitung und Wasseranalyse:
Über die Schnellbewertung von Ionenaustauscher
1955, 62 Seiten, 32 Abb., DM 12,30

HEFT 123
Dipl.-Ing. J. Emondts, Aachen
Über Bodenverformungen bei stark gestörtem und mächtigem, wasserführendem Deckgebirge im Aachener Steinkohlengebiet
1955, 196 Seiten, 37 Abb., 10 Tabellen, DM 28,80

HEFT 124
Prof. Dr. R. Seyffert, Köln
Wege und Kosten der Distribution der Hausratwaren im Lande Nordrhein-Westfalen
1955, 74 Seiten, 25 Tabellen, DM 9,—

HEFT 125
Prof. Dr. E. Kappler, Münster
Eine neue Methode zur Bestimmung von Kondensations-Koeffizienten von Wasser
1955, 46 Seiten, 11 Abb., 1 Tabelle, DM 9,10

HEFT 126
Prof. Dr.-Ing. J. Mathieu, Aachen
Arbeitszeitvergleich
Grundlagen, Methodik und praktische Durchführung
1955, 70 Seiten, DM 13,—

HEFT 127
Güteschutz Betonstein e. V.,
Arbeitskreis Nordrhein-Westfalen, Dortmund
Die Betonwaren-Gütesicherung im Lande Nordrhein-Westfalen
1955, 58 Seiten, 15 Abb., 3 Tabellen, DM 11,50

HEFT 128
Prof. Dr. O. Schmitz-DuMont, Bonn
Untersuchungen über Reaktionen in flüssigem Ammoniak
1955, 96 Seiten, 11 Abb., 6 Tabellen, DM 17,75

HEFT 129
Prof. Dr.-Ing. J. Mathieu und Dr. C. A. Roos, Aachen
Die Anlernung von Industriearbeitern
I. Ergebnisse einer grundsätzlichen Untersuchung der gegenwärtigen Industriearbeiter-Kurzanlernung
1955, 106 Seiten, DM 19,70

HEFT 130
Prof. Dr.-Ing. J. Mathieu und Dr. C. A. Roos, Aachen
Die Anlernung von Industriearbeitern
II. Beiträge zur Methodenfrage der Kurzanlernung
1955, 108 Seiten, DM 19,90

HEFT 131
Dr. W. Hoerburger, Köln
Versuche zur Biosynthese von Eiweiß aus Kohlenwasserstoff
1955, 34 Seiten, 2 Abb., DM 6,90

HEFT 132
Prof. Dr. W. Seith, Münster
Über Diffusionserscheinungen in festen Metallen
1955, 42 Seiten, 19 Abb., 4 Tabellen, DM 9,10

HEFT 133
Prof. Dr. E. Jenckel, Aachen
Über einen für Schwermetalle selektiven Ionenaustauscher
1955, 48 Seiten, 8 Abb., 13 Tabellen, DM 9,50

HEFT 134
Prof. Dr.-Ing. H. Winterhager, Aachen
Über die elektrochemischen Grundlagen der Schmelzfluß-Elektrolyse von Bleisulfid in geschmolzenen Mischungen mit Bleichlorid
1955, 54 Seiten, 20 Abb., 5 Tabellen, DM 11,80

HEFT 135
Prof. Dr.-Ing. K. Krekeler und Dr.-Ing. H. Peukert, Aachen
Die Änderung der mechanischen Eigenschaften thermoplastischer Kunststoffe durch Warmrecken
1955, 54 Seiten, 27 Abb., DM 11,10

HEFT 136
Dipl.-Phys. P. Pilz, Remscheid
Über spezielle Probleme der Zerkleinerungstechnik von Weichstoffen
1955, 58 Seiten, 19 Abb., 2 Tabellen, DM 11,50

HEFT 137
Prof. Dr. W. Baumeister, Münster
Beiträge zur Mineralstoffernährung der Pflanzen
1955, 64 Seiten, 6 Tabellen, DM 11,80

HEFT 138
Dr. P. Hölemann und Ing. R. Hasselmann, Dortmund
Untersuchungen über die Zersetzungswärme von gasförmigem und in Azeton gelöstem Azetylen
1955, 54 Seiten, 8 Abb., 7 Tabellen, DM 10,40

HEFT 139
Prof. Dr. W. Fuchs, Aachen
Studien über die thermische Zersetzung der Kohle und die Kohlendestillatprodukte
1955, 64 Seiten, 20 Abb., 22 Tabellen, DM 11,80

HEFT 140
Dr.-Ing. G. Hausberg, Essen
Modellversuche an Zyklonen
1955, 78 Seiten, 24 Abb., DM 15,70

HEFT 141
Dr. J. van Calker und Dr. R. Wienecke, Münster
Untersuchungen über den Einfluß dritter Analysenpartner auf die spektrochemische Analyse
1955, 42 Seiten, 15 Abb., DM 9,10

HEFT 142
Dipl.-Ing. G. M. F. Wiebel, Hannover, A. Konermann und A. Ottenheym, Sennelager
Entwicklung eines Kalksandleichtsteines
1955, 38 Seiten, 4 Abb., DM 8,—

HEFT 143
Prof. Dr. F. Wever, Dr. A. Rose und Dipl.-Ing. W. Straßburg, Düsseldorf
Härtbarkeit und Umwandlungsverhalten der Stähle
1955, 50 Seiten, 12 Abb., 3 Tabellen, DM 10,70

HEFT 144
Prof. Dr. H. Wurmbach, Bonn
Steuerung von Wachstum und Formbildung
1955, 48 Seiten, 19 Abb., DM 10,30

HEFT 145
Dr. G. Hennemann, Werdohl (Westf.)
Beitrag zur Interpretation der modernen Atomphysik
1955, 34 Seiten, DM 10,—

HEFT 146
Dr.-Ing. F. Gruß, Düsseldorf
Sterilisation mit Heißluft
1955, 34 Seiten, 10 Abb., DM 7,70

HEFT 147
Dr.-Ing. W. Rudisch, Unna
Untersuchung einer drehelastischen Elektromagnet-Synchronkupplung
1955, 82 Seiten, 65 Abb., DM 17,70

HEFT 148
Prof. Dr. H. Bittel u. Dipl.-Phys. L. Storm, Münster
Untersuchungen über Widerstandsrauschen
1955, 40 Seiten, 5 Abb., DM 8,40

HEFT 149
Dipl.-Ing. K. Konopicky und Dipl.-Chem. P. Kampa, Bonn
I. Beitrag zur flammenphotometrischen Bestimmung des Calciums.
Dr.-Ing. K. Konopicky, Bonn
II. Die Wanderung von Schlackenbestandteilen in feuerfesten Baustoffen
1955, 54 Seiten, 10 Abb., 5 Tabellen, DM 11,—

HEFT 150
Prof. Dr.-Ing. O. Kienzle und Dipl.-Ing. W. Timmerbeil, Hannover
Das Durchziehen enger Kragen an ebenen Fein- und Mittelblechen
1955, 52 Seiten, 20 Abb., 8 Tabellen, DM 11,30

HEFT 151
Dipl.-Ing. P. Karabasch, Aachen
Feststellung des optimalen Gasgehaltes von Bronzen zur Erzielung druckdichter Gußstücke
1956, 64 Seiten, 31 Abb., 5 Tabellen, DM 13,90

HEFT 152
Dipl.-Ing. G. Müller, Köln
Ermittlung der Laufeigenschaften (Vergießbarkeit) von Bronze und Rotguß mittels der Schneider-Gießspirale
1955, 60 Seiten, 33 Abb., DM 13,30

HEFT 153
Prof. Dr. F. Wever, Dr.-Ing. W. A. Fischer und Dipl.-Ing. J. Engelbrecht, Düsseldorf
I. Die Reduktion sauerstoffhaltiger Eisenschmelzen im Hochvakuum mit Wasserstoff und Kohlenstoff
II. Einfluß geringer Sauerstoffgehalte auf das Gefüge und Alterungsverhalten von Reineisen
1955, 54 Seiten, 15 Abb., 2 Tabellen, DM 12,40

HEFT 154
Prof. Dr.-Ing. P. Bardenheuer und Dr.-Ing. W. A. Fischer, Düsseldorf
Die Verschlackung von Titan aus Stahlschmelzen im sauren und basischen Hochfrequenzofen unter verschiedenen Schlacken
1955, 36 Seiten, 10 Abb., 1 Tabelle, DM 7,95

HEFT 155
Dipl.-Phys. K. H. Schirmer, München
Die auf Grau abgestimmte Farbwiedergabe im Dreifarbenbuchdruck
1955, 46 Seiten, 17 Abb., 2 Farbtafeln, DM 10,—

HEFT 156
Prof. Dr.-Ing. B. von Borries und Mitarbeiter, Düsseldorf
Die Entwicklung regelbarer permanentmagnetischer Elektronenlinsen hoher Brechkraft und eines mit ihnen ausgerüsteten Elektronenmikroskopes neuer Bauart
1956, 102 Seiten, 52 Abb., DM 22,55

HEFT 157
Dr. W. Jawtusch, Dr. G. Schuster und Prof. Dr.-Ing. R. Jaeckel, Bonn
Untersuchungen über die Stoßvorgänge zwischen neutralen Atomen und Molekülen
1955, 48 Seiten, 15 Abb., 3 Tabellen, DM 10,50

HEFT 158
Dipl.-Ing. W. Rosenkranz, Meinerzhagen
Ein Beitrag zum Problem der Spannungskorrosion bei Preßprofilen und Preßteilen aus Aluminium-Legierungen
1956, 112 Seiten, 61 Abb., 5 Tabellen, DM 27,40

HEFT 159
Dr.-Ing. O. Viertel und O. Oldenroth, Krefeld
Das Bleichen von Weißwäsche mit Wasserstoffsuperoxyd bzw. Natriumhypochlorit beim maschinellen Waschen
1955, 54 Seiten, 23 Abb., 2 Tabellen, DM 11,45

HEFT 160
Prof. Dr. W. Klemm, Münster
Über neue Sauerstoff- und Fluor-haltige Komplexe
1955, 50 Seiten, 13 Abb., 7 Tabellen, DM 10,80

HEFT 161
Prof. Dr. W. Weltzien und Dr. G. Hauschild, Krefeld
Über Silikone und ihre Anwendung in der Textilveredlung
1955, 162 Seiten, 22 Abb., 10 Tabellen, DM 27,—

HEFT 162
Prof. Dr. F. Wever, Prof. Dr. A. Kochendörfer und Dr.-Ing. Chr. Rohrbach, Düsseldorf
Kennzeichnung der Sprödbruchneigung von Stählen durch Messung der Fließspannung, Reißspannung und Brucheinschnürung an dreiachsig beanspruchten Proben
1955, 58 Seiten, 26 Abb., DM 13,—

HEFT 163
Dipl.-Ing. W. Rohs und Text.-Ing. H. Griese, Bielefeld
Untersuchungsarbeiten zur Verbesserung des Leinenwebstuhls III
1955, 80 Seiten, 15 Abb., 18 Tabellen, DM 15,80

HEFT 164
Dr.-Ing. H. Schmachtenberg, Köln
Neuartige Prüfeinrichtungen für Kraftfahrzeuge
1955, 44 Seiten, 23 Abb., DM 9,60

HEFT 165
Dr.-Ing. W. Wilhelm, Aachen
Instationäre Gasströmung im Auspuffsystem eines Zweitaktmotors
1955, 62 Seiten, 31 Abb., 8 Tabellen, DM 13,60

HEFT 166
Prof. Dr. M. v. Stackelberg, Dr. H. Heindze, Dr. H. Hübsche und Dr. K. H. Frangen, Bonn
Kolloidchemische Untersuchungen
1955, 106 Seiten, 8 Abb., 13 Tabellen, DM 21,25

HEFT 167
Prof. Dr.-Ing. F. Schuster, Essen
I. Über die Heißkarburierung von Brenngasen mit Ölen und Teeren
II. Die Strahlungsvorgänge in brennstoffbeheizten Öfen bei verschiedenen Verbrennungsatmosphären
1955, 38 Seiten, 8 Abb., DM 8,30

HEFT 168
Prof. Dr.-Ing. F. Schuster, Essen
I. Luftvorwärmung an Gasfeuerungen
II. Heizwerthöhe von Brenngasen und Wirkungsgrad sowie Gasverbrauch bei der Gasverwendung
III. Sauerstoffangereicherte Luft und feuerungstechnische Kenngrößen von Brenngasen
1955, 60 Seiten, 18 Abb., DM 12,50

HEFT 169
Forschungsinstitut für Pigmente und Lacke, Stuttgart
Arbeiten über die Bestimmung des Gebrauchswertes von Lackfilmen durch physikalische Prüfungen
1955, 70 Seiten, 23 Abb., 4 Tabellen, DM 15,—

HEFT 170
Prof. Dr. F. Wever, Dr. A. Rose und Dipl.-Ing. L. Rademacher, Düsseldorf
Anwendung der Umwandlungsschaubilder auf Fragen der Werkstoffauswahl beim Schweißen und Flammhärten
1955, 64 Seiten, 25 Abb., DM 13,70

WESTDEUTSCHER VERLAG · KÖLN UND OPLADEN

HEFT 171
Wäschereiforschung Krefeld
Untersuchung der Wäscheentwässerung mit Hilfe von Zentrifugen und Pressen
1955, 42 Seiten, 16 Abb., 4 Tabellen, DM 9,70

HEFT 172
Dipl.-Ing. W. Rohs, Dr.-Ing. G. Satlow und Text.-Ing. G. Heller, Bielefeld
Trocknung von Hanfgarnen. Kreuzspultrocknung
1955, 60 Seiten, 7 Abb., 4 Tabellen, DM 10,30

HEFT 173
Prof. Dr. R. Hosemann und Dipl.-Phys. G. Schoknecht, Berlin, vorgelegt von Prof. Dr. W. Kast, Krefeld
Lichtoptische Herstellung und Diskussion der Faltungsquadrate parakristalliner Gitter
1956, 108 Seiten, 63 Abb., 6 Tabellen, DM 24,70

HEFT 174
Prof. Dr. W. von Fragstein, Dr. J. Meingast und H. Hoch, Köln
Herstellung von Solen einheitlicher Teilchengröße und Ermittlung ihrer optischen Eigenschaften
1955, 78 Seiten, 80 Abb., 4 Tabellen, DM 18,25

HEFT 175
Dr.-Ing. H. Zeller, Aachen
Beitrag zur eindimensionalen stationären und nichtstationären Gasströmung mit Reibung und Wärmeleitung insbesondere in Rohren mit unstetigen Querschnittsänderungen
1956, 138 Seiten, 56 Abb., DM 29,30

HEFT 176
Dipl.-Ing. H. Schöberl, Duisburg
Über die Methoden zur Ermittlung der Verbrennungstemperatur von Brennstoffen und ein Vorschlag zu ihrer Verbesserung
1955, 30 Seiten, 3 Abb., DM 6,50

HEFT 177
Dipl.-Ing. H. Stüdemann, Solingen, und Dr.-Ing. W. Müchler, Essen
Entwicklung eines Verfahrens zur zahlenmäßigen Bestimmung der Schneideigenschaften von Messerklingen
1956, 104 Seiten, 68 Abb., 4 Tabellen, DM 22,20

HEFT 178
Prof. Dr. M. von Stackelberg u. Dr. W. Hans, Bonn
Untersuchungen zur Ausarbeitung und Verbesserung von polarographischen Analysenmethoden
1955, 46 Seiten, 14 Abb., DM 10,50

HEFT 179
Dipl.-Ing. H. F. Reineke, Bochum
Entwicklungsarbeiten auf dem Gebiete der Meß- und Regeltechnik
1955, 46 Seiten, 10 Abb., DM 10,—

HEFT 180
Dr.-Ing. W. Piepenburg, Dipl.-Ing. B. Bühling und Bauing. J. Behnke, Köln
Putzarbeiten im Hochbau und Versuche mit aktiviertem Mörtel und mechanischem Mörtelauftrag
1955, 116 Seiten, 31 Abb., 68 Tabellen, DM 23,—

HEFT 181
Prof. Dr. W. Franz, Münster
Theorie der elektrischen Leitvorgänge in Halbleitern und isolierenden Festkörpern bei hohen elektrischen Feldern
1955, 28 Seiten, 2 Abb., 1 Tabelle, DM 6,20

HEFT 182
Dr.-Ing. P. Schenk u. Dr. K. Osterloh, Düsseldorf
Katalytisch-thermische Spaltung von gasförmigen und flüssigen Kohlenwasserstoffen zur Spitzengaserzeugung
1955, 50 Seiten, 11 Abb., 11 Tabellen, DM 10,90

HEFT 183
Dr. W. Bornheim, Köln
Entwicklungsarbeiten an Flaschen- und Ampullen-Behandlungsmaschinen für die pharmazeutische Industrie
1956, 48 Seiten, 24 Abb., DM 11,70

HEFT 184
Dr.-Ing. E. Printz, Kettwig
Vollhydraulische Parallel-Kupplung für Ackerschlepper
1955, 32 Seiten, 4 Abb., DM 7,80

HEFT 185
Dipl.-Ing. W. Rohs und Text.-Ing. G. Heller, Bielefeld
Studien an einem neuzeitlichen Kreuzspultrockner für Bastfasergarne mit Wiederbefeuchtungszone
1955, 52 Seiten, 9 Abb., 3 Tabellen, DM 10,70

HEFT 186
Dr. E. Wedekind, Krefeld
Untersuchungen zur Arbeitsbestgestaltung bei der Fertigstellung von Oberhemden in gewerblichen Wäschereien
1955, 124 Seiten, 28 Abb., 6 Tabellen, 2 Falttaf., DM 12,—

HEFT 187
Dipl.-Ing. F. Göttgens, Essen
Über die Eigenarten der Bimetall-, Thermo- und Flammenionisationssicherungsmethode in ihrer Anwendung auf Zündsicherungen
1955, 40 Seiten, 6 Abb., 4 Tabellen, DM 8,40

HEFT 188
W. Kinnebrock, Langenberg (Rhld.)
Der Einfluß des Austausches gleicher Gaskochbrenner bzw. Gaskochbrennerteile auf den Wirkungsgrad und insbesondere auf den CO-Gehalt der Verbrennungsgase
1955, 42 Seiten, 7 Tabellen, DM 8,70

HEFT 189
Fa. E. Leybold's Nachfolger, Köln
I. Ausgewählte Kapitel aus der Vakuumtechnik
II. Zum Verlust anorganisch-nichtflüchtiger Substanzen während der Gefriertrocknung
1955, 52 Seiten, 16 Abb., 3 Tabellen, DM 11,20

HEFT 190
Prof. Dr. A. Neuhaus, Prof. Dr. O. Schmitz-DuMont und Dipl.-Chem. H. Reckhard, Bonn
Zur Kenntnis der Alkalititanate
1955, 60 Seiten, 13 Abb., 1 Tabelle, DM 12,20

HEFT 191
Dr. H. Söhngen, Darmstadt
Schwingungsverhalten eines Schaufelkranzes im Vakuum
1955, 36 Seiten, 7 Abb., DM 7,80

HEFT 192
Dipl.-Phys. E. M. Schneider, München
Kohlebogenlampen für Aufnahme und Kopie
1955, 48 Seiten, 21 Abb., 3 Tabellen, DM 10,60

HEFT 193
Prof. Dr. O. Schmitz-DuMont, Bonn
Untersuchungen über neue Pigmentfarbstoffe
1956, 50 Seiten, 16 Abb., 8 Tabellen, DM 11,20

HEFT 194
Dr. K. Hecht, Köln
Entwicklung neuartiger physikalischer Unterrichtsgeräte
1955, 42 Seiten, 16 Abb., DM 9,90

HEFT 195
Dr.-Ing. E. Rößger, Köln
Gedanken über einen neuen deutschen Luftverkehr
1955, 342 Seiten, 29 Abb., 122 Tabellen, DM 50,—

HEFT 196
Dipl.-Ing. W. Rohs, und Text.-Ing. H. Griese, Bielefeld
Auswirkungen von Garnfehlern bei der Verarbeitung von Leinengarnen
1955, 36 Seiten, 3 Abb., 6 Tabellen, DM 7,80

HEFT 197
Dr. E. Wedekind, Krefeld
Untersuchungen zur Bestimmung der optimalen Arbeitsplatzgröße bei Mehrstuhlarbeit in der Weberei
1955, 92 Seiten, 34 Abb., 6 Tabellen, DM 18,50

HEFT 198
Prof. Dr. J. Weissinger, Karlsruhe
Zur Aerodynamik des Ringflügels. Die Druckverteilung dünner, fast drehsymmetrischer Flügel in Unterschallströmung
1955, 42 Seiten, 5 Abb., DM 9,—

HEFT 199
Textilforschungsanstalt Krefeld
Die Messung von Gewebetemperaturen mittels Temperaturstrahlung
1955, 50 Seiten, 12 Abb., DM 10,90

HEFT 200
R. Seipenbusch, Langenberg (Rhld.)
Spitzengas durch Zusatz von Flüssiggas-Wassergas- und Flüssiggas-Generatorgas-Gemischen zu Stadtgas
1955, 48 Seiten, 21 Abb., 10 Tabellen, DM 10,35

HEFT 201
Dr.-Ing. E. W. Pleines, Frankfurt/Main
Die Sicherheit im Luftverkehr
1956, 194 Seiten, 39 Abb., 19 Tabellen, DM 39,45

HEFT 202
Dipl.-Ing. D. Fiecke, Stuttgart/Zuffenhausen
Die Bestimmung der Flugzeugpolaren für Entwurfszwecke. I. Teil: Unterlagen
in Vorbereitung

HEFT 203
Dr. G. Wandel, Bonn
Uferbewachsung und Lebendverbauung an den Nordwestdeutschen Kanälen und ihren Zuflüssen sowie an der Ruhr
in Vorbereitung

HEFT 204
Dipl.-Ing. B. Naendorf, Langenberg (Rhld.)
Bestimmung der Brenneigenschaften und des Brennverhaltens verschiedener Gasarten und Einfluß verschiedener Düsengestaltung
1955, 32 Seiten, DM 7,10

HEFT 205
Dr. C. Schaarwächter, Düsseldorf
Über plastische Kupfer-Eisen-Phosphor-Legierungen
1956, 36 Seiten, 10 Abb., 10 Tabellen, DM 8,30

HEFT 206
Dr. P. Hölemann, Ing. R. Hasselmann und Ing. G. Dix, Dortmund
Untersuchungen über die Vorgänge bei der Zersetzung von in Azeton gelöstem Azetylen
1956, 74 Seiten, 7 Abb., 7 Tabellen, DM 15,55

HEFT 207
Prof. Dr.-Ing. H. Opitz, Dipl.-Ing. K. H. Fröhlich und Dipl.-Ing. H. Siebel, Aachen
Richtwerte für das Fräsen von unlegierten und legierten Baustählen mit Hartmetall. I. Teil
in Vorbereitung

HEFT 208
Prof. Dr.-Ing. H. Müller, Essen
Untersuchung von Elektrowärmegeräten für Laienbedienung hinsichtlich Sicherheit und Gebrauchsfähigkeit. I. Untersuchungen an Kochplatten
in Vorbereitung

HEFT 209
Dr. K. Bunge, Leverkusen
Materialabbau in Funkenentladungen. Untersuchungen an Zinkkathoden
1956, 54 Seiten, 10 Abb., 5 Tabellen, DM 11,40

HEFT 210
Dr. W. Porschen und Prof. Dr. W. Riezler, Bonn
Langlebige Alphaaktivitäten bei natürlichen Elementen
1955, 40 Seiten, 5 Abb., 4 Tabellen, DM 8,80

HEFT 211
Prof. Dipl.-Ing. W. Sturtzel und Dr.-Ing. W. Graff, Duisburg
Die Versuchsanstalt für Binnenschiffbau, Duisburg
1956, 48 Seiten, 22 Abb., DM 11,—

HEFT 212
Dipl.-Ing. H. Spodig, Selm
Untersuchung zur Anwendung der Dauermagnete in der Technik
1956, 44 Seiten, 25 Abb., DM 9,80

HEFT 213
Dipl.-Ing. K. F. Rittinghaus, Aachen
Zusammenstellung eines Meßwagens für Bau- und Raumakustik
in Vorbereitung

HEFT 214
Dr.-Ing. J. Endres, München
Berechnung der optimalen Leistungen, Kraftstoffverbräuche und Wirkungsgrade von Einkreis-Turbolader-Strahltriebwerken am Boden und in der Höhe bei Fluggeschwindigkeiten von 0—2000 km/h
1956, 72 Seiten, 18 Abb., 8 Tabellen, DM 15,40

HEFT 215
Prof. Dr.-Ing. H. Opitz und Dr.-Ing. G. Weber, Aachen
Einfluß der Wärmebehandlung von Baustählen auf Spanentstehung, Schnittkraft- und Standzeitverhalten
in Vorbereitung

HEFT 216
Dr. E. Kloth, Köln
Untersuchungen über die Ausbreitung kurzer Schallimpulse bei der Materialprüfung mit Ultraschall
1956, 90 Seiten, 60 Abb., 4 Tabellen, DM 19,40

HEFT 217
Rationalisierungskuratorium der Deutschen Wirtschaft (RKW), Frankfurt/Main
Typenvielzahl bei Haushaltgeräten und Möglichkeiten einer Beschränkung
1956, 328 Seiten, 2 Abb., 181 Tabellen, DM 49,50

HEFT 218
Dr. F. Keune, Aachen
Bericht über eine Theorie der Strömung um Rotationskörper ohne Anstellung bei Machzahl Eins
1955, 40 Seiten, 8 Abb., 5 Formelblätter, DM 8,80

HEFT 219
Prof. Dr. W. Fuchs, Aachen
Untersuchungen zur Holzabfallverwertung und zur Chemie des Lignins
1955, 54 Seiten, 11 Abb., 15 Tabellen, DM 11,40

WESTDEUTSCHER VERLAG · KÖLN UND OPLADEN

HEFT 220
Prof. Dr. W. Fuchs, Aachen
Die Entwicklung neuer Regel- und Kontroll-Apparate zur coulometrischen Analyse
1956, 76 Seiten, 17 Abb., 23 Tabellen, DM 15,50

HEFT 221
Dr. W. Meyer-Eppler, Bonn
Experimentelle Untersuchungen zum Mechanismus von Stimme und Gehör in der lautsprachlichen Kommunikation
1955, 56 Seiten, 24 Abb., DM 13,45

HEFT 222
Dr. L. Köllner, Münster, und Dipl.-Volkswirt M. Kaiser, Bochum
Die internationale Wettbewerbfähigkeit der westdeutschen Wollindustrie
1956, 214 Seiten, DM 39,50

HEFT 223
Dr.-Ing. K. Alberti und Dr. F. Schwarz, Köln
Über das Problem Hartbrand - Weichbrand
1956, 54 Seiten, 25 Abb., 14 Tabellen, DM 12,10

HEFT 224
Dipl.-Ing. H. Stüdeman und Ing. R. Beu, Solingen
Verfahren zur Prüfung der Korrosionsbeständigkeit von Messerklingen aus rostfreiem Stahl
1956, 82 Seiten, 28 Abb., DM 16,90

HEFT 225
Dr.-Ing. E. Barz, Remscheid
Der Spannungszustand von Gattersägeblättern
in Vorbereitung

HEFT 226
Technisch-wissenschaftliches Büro für die Bastfaserindustrie, Bielefeld
Untersuchungen zur Verbesserung des Leinenwebstuhles IV
Die Wirkung verschiedener Kettbaumbremsen auf die Verwebung von Leinengarnen
1956, 64 Seiten, 9 Abb., 4 Tabellen, DM 13,50

HEFT 227
Prof. Dr. F. Wever, Düsseldorf und Dr. W. Wepner, Köln
Untersuchung der Alterungsneigung von weichen unlegierten Stählen durch Härteprüfung bei Temperaturen bis 300 Grad C
1956, 34 Seiten, 20 Abb., 3 Tabellen, DM 7,95

HEFT 228
Prof. Dr. F. Wever, Dr. W. Koch, Düsseldorf und Dr. B. A. Steinkopf, Dortmund
Spektrochemische Grundlagen der Analyse von Gemischen aus Kohlenmonoxyd, Wasserstoff und Stickstoff
in Vorbereitung

HEFT 229
Prof. Dr. F. Wever, Dr. W. Koch und Dr.-Ing. H. Malissa, Düsseldorf
Über die Anwendung disubstituierter Dithiocarbamate der analytischen Chemie
1956, 44 Seiten, 30 Abb., 5 Tabellen, DM 10,50

HEFT 230
Prof. Dr. F. Wever, Düsseldorf und Dr. W. Wepner, Köln
Bestimmung kleiner Kohlenstoffgehalte im Alpha-Eisen durch Dämpfungsmessung
1956, 34 Seiten, 5 Abb., 2 Tabellen, DM 7,70

HEFT 231
Dr.-Ing. W. Küch, Dortmund
Über die Wechselwirkung zwischen Holzschutzbehandlung und Verleimung
1956, 48 Seiten, 10 Abb., 8 Tabellen, DM 10,40

HEFT 232
Prof. Dr.-Ing. O. Kienzle, Hannover und Dr.-Ing. H. Münnich, Schweinfurt
Feststellung der Spannungen und Dehnungen und Bruchdrehzahlen der unter Fliehkraft und Bearbeitungskraft beanspruchten Schleifkörper
in Vorbereitung

HEFT 233
Dr. H. Haase, Hamburg
Infrarot-Bibliographie
1956, 90 Seiten, DM 17,80

HEFT 234
Dr.-Ing. K. G. Speith und Dr.-Ing. A. Bungeroth, Duisburg
Versuche zur Steigerung des Kokillen-Schluckvermögens beim Stranggießen von Stahl
1956, 26 Seiten, 5 Abb., DM 6,15

HEFT 235
Prof. Dr.-Ing. K. Leist und Dipl.-Ing. W. Dettmering, Aachen
Turbinenschaufeln aus Kunststoff für Kaltluftversuchsanlagen
1956, 46 Seiten, 43 Abb., 3 Tabellen, DM 12,30

HEFT 236
Dr.-Ing. O. Viertel und S. Lucas, Krefeld
Ergebnisse einer Hausfrauenbefragung über Wascheinrichtungen und Waschmethoden in städtischen Haushaltungen
1956, 34 Seiten, 4 Abb., DM 7,60

HEFT 237
Dr. P. Endler und Dr. H. Ludes, Köln
Bericht über eine Studienreise zur Orientierung der heutigen Behandlung der Lungentuberkulose in den Vereinigten Staaten von Nordamerika
1956, 32 Seiten, DM 7,10

HEFT 238
Institut für textile Meßtechnik, M.-Gladbach, e.V.
Untersuchung der Verzugsvorgänge an den Streckwerken verschiedener Spinnereimaschinen. 3. Bericht: Theoretische Betrachtungen über den Einfluß schlagender Zylinder und Druckrollen
in Vorbereitung

HEFT 239
Prof. Dr.-Ing. K. Leist und Dipl.-Ing. H. Scheele, Aachen und Dipl.-Ing. F. H. Flottmann, Herne
Versuche an einem neuartigen luftgekühlten Hochleistungs-Kolbenkompressor
in Vorbereitung

HEFT 240
Prof. Dr.-Ing. K. Leist und Dipl.-Ing. H. Scheele, Aachen
Temperaturmessungen an einem einstufigen luftgekühlten 4-Zylinder-Kolbenkompressor mit Kühlgebläse
in Vorbereitung

HEFT 241
Prof. Dr.-Ing. K. Leist und Dipl.-Ing. M. Pötke, Aachen
Leistungsversuche an einem Kühlluftgebläse
in Vorbereitung

HEFT 242
Prof. Dr.-Ing. K. Leist und Dipl.-Ing. K. Graf, Aachen
Straßenfahrzeuge mit Gasturbinenantrieb
in Vorbereitung

HEFT 243
Prof. Dr.-Ing. K. Leist und Dipl.-Ing. S. Förster, Aachen
Die französische Kleingasturbine Artouste — 1. Teil
in Vorbereitung

HEFT 244
Prof. Dr. F. Wever, Dr. W. Koch und Dr. S. Eckhard, Düsseldorf
Erfahrungen mit der spektrochemischen Analyse von Gefügebestandteilen des Stahles
1956, 32 Seiten, 8 Abb., 2 Tabellen, DM 7,80

HEFT 245
Prof. Dr.-Ing. K. Krekeler, Aachen
Das Verbinden von Metallen durch Kunstharzkleber. Teil I: Eigenschaften und Verwendung der Metallklebstoffe
1956, 48 Seiten, 8 Abb., DM 10,25

HEFT 246
Prof. Dr.-Ing. K. Krekeler, Aachen
Das Verbinden von Metallen durch Kunstharzkleber. Teil II: Untersuchungen an geklebten Leichtmetall-Verbindungen
in Vorbereitung

HEFT 247
Dr. H. Söhngen, Darmstadt
Strömung vor einem Überschall-Laufrad
1956, 26 Seiten, 4 Abb., DM 7,60

HEFT 248
Rheinische Aktiengesellschaft für Braunkohlenbergbau und Brikettfabrikation, Köln
Untersuchung der Bindemitteleigenschaften von Braunkohlenfilteraschen
in Vorbereitung

HEFT 249
Dr. M.-E. Meffert, Essen
Weitere Kulturversuche Scenedesmus obliquus
1956, 36 Seiten, 5 Abb., 10 Tabellen, DM 8,—

HEFT 250
Dr. F. Schwarz und Dr.-Ing. K. Alberti, Köln
Entwicklung von Untersuchungsverfahren zur Güteheurteilung von Industriekalken
in Vorbereitung

HEFT 251
Prof. Dr. H. Bittel, Münster
Zur Statistik der ferromagnetischen Elementarvorgänge und ihren Einfluß auf das Barkhausenrauschen
in Vorbereitung

HEFT 252
Dipl.-Ing. H. Frings, Geilenkirchen
Die Wirkung abfallender Wetterführung auf Wettertemperatur, Grubengasgehalt und Staubbildung
in Vorbereitung

HEFT 253
Dipl.-Ing. S. Schirmanski, Berghausen
Stand und Auswertung der Forschungsarbeiten über Temperatur- und Feuchtigkeitsgrenzen bei der bergmännischen Arbeit
in Vorbereitung

HEFT 254
Prof. Dr. R. Danneel, Bonn
Quantitative Untersuchungen über die Entwicklung des Ehrlich-Ascitesturmos bei Inzuchtmäusen
in Vorbereitung

HEFT 255
Ing. B. v. Schlippe, Bad Nauheim
Strömung von Flüssigkeiten mit temperaturabhängiger Zähigkeit (Kühlung von Ölen)
1956, 54 Seiten, 12 Abb., 4 Tabellen, DM 11,70

HEFT 256
Prof. Dr. C. Schmieden und Dipl.-Math. K. H. Müller, Darmstadt
Die Strömung einer Quellstrecke im Halbraum — eine strenge Lösung der Navier-Stokes-Gleichungen
1956, 40 Seiten, 9 Abb., DM 8,80

HEFT 257
Prof. Dr. G. Lehmann und Dr. J. Tamm, Dortmund
Die Beeinflussung vegetativer Funktionen des Menschen durch Geräusche
in Vorbereitung

HEFT 258
Dr. H. Paul, Linz (Rhein) und Prof. Dr. O. Graf, Dortmund
Zur Frage der Unfälle im Bergbau
1956, 52 Seiten, 9 Abb., 22 Tabellen, DM 11,20

HEFT 259
Prof. Dr. W. Linke, Aachen
Strömungsvorgänge in künstlich belüfteten Räumen
1956, 52 Seiten, 37 Abb., 1 Tabelle, DM 11,80

HEFT 260
Prof. Dr. W. Kast, Freiburg (Br.), Prof. Dr. A. H. Stuart und Dipl.-Phys. H. G. Fendler, Hannover
Lichtzerstreuungsmessungen an Lösungen hochpolymerer Stoffe
in Vorbereitung

HEFT 261
Prof. Dr. W. Kast, Freiburg (Br.)
Feinstruktur-Untersuchungen an künstlichen Zellulosefasern verschiedener Herstellungsverfahren. Teil II: Der Kristallisationszustand
in Vorbereitung

HEFT 262
Dr.-Ing. W. Batel, Aachen
Untersuchungen zur Absiebung feuchter, feinkörniger Haufwerke und Schwingsieben
in Vorbereitung

HEFT 263
Prof. Dr. H. Lange und Dipl.-Phys. R. Kohlhaas, Köln
Über die Wärmeleitfähigkeit von Stählen bei hohen Temperaturen: Teil I: Literaturbericht
in Vorbereitung

HEFT 264
Prof. Dr. W. Weizel, Bonn
Durch schnelle Funkenzusammenbrüche ausgelöste Signale auf einer Leitung
1956, 26 Seiten, 4 Abb., 3 Tabellen, DM 6,10

HEFT 265
Prof. Dr. F. Micheel und Dr. R. Engel, Münster
Eine Apparatur zur elektrophoretischen Trennung von Stoffgemischen
in Vorbereitung

HEFT 266
Fliesen-Beratungsstelle Bad Godesberg-Mehlem
Güteeigenschaften keramischer Wand- und Bodenfliesen und deren Prüfmethoden
1956, 32 Seiten, DM 7,10

HEFT 267
Prof. Dr. W. Weizel und B. Brandt, Bonn
Zur Stabilität stromstarker Glimmentladungen
1956, 36 Seiten, 7 Abb., DM 8,40

HEFT 268
Prof. Dr.-Ing. G. Vogelpohl, Göttingen
Über die Tragfähigkeit von Gleitlagern und ihre Berechnung
in Vorbereitung

WESTDEUTSCHER VERLAG · KÖLN UND OPLADEN

HEFT 269
Markscheider R. Bals, Bochum
Eignung des Gebirgsankerausbaus zur Erleichterung des Streckenvortriebs im Steinkohlenbergbau
in Vorbereitung

HEFT 270
Dr. H. Krebs und Mitarbeiter, Bonn
Die Trennung von Racematen auf chromatographischem Wege
in Vorbereitung

HEFT 271
Prof. Dr.-Ing. H. Opitz und Dipl.-Ing. H. Axer, Aachen
Beeinflussung des Verschleißverhaltens bei spanenden Werkzeugen durch flüssige und gasförmige Kühlmittel und elektrische Maßnahmen
in Vorbereitung

HEFT 272
Prof. Dr. W. Fuchs und Dr. H. Dresia, Aachen
Untersuchungen über die Schnellverbrennung und Schnellvergasung fester Brennstoffe
in Vorbereitung

HEFT 273
Fa. K. W. Tacke G.m.b.H., Wuppertal-Barmen
Erfahrungen beim Verspinnen von Perlonfasern und bei der Herstellung von Trikotagen aus gesponnenem Perlon
in Vorbereitung

HEFT 274
Prof. Dr.-Ing. K. Krekeler und Dipl.-Ing. H. Verhoeven, Aachen
Qualitative Untersuchungen bei Verbindungsschweißungen mittels Lichtbogenschweißautomaten unter Verwendung von Blankdraht und Zugabe von ferromagnetischem Pulver als Umhüllung
in Vorbereitung

HEFT 275
Prof. Dr.-Ing. K. Krekeler und Dipl.-Ing. H. Verhoeven, Aachen
Qualitative Untersuchungen von Punktschweißverbindungen an Tiefzieh- und Aluminiumblechen, die nach dem Argonarc-Punktschweißverfahren hergestellt werden

HEFT 276
Fa. E. Haage, Mülheim (Ruhr)
Entwicklungsarbeiten im Apparatebau für Laboratorien
in Vorbereitung

HEFT 277
Dr.-Ing. W. Müchler, Essen
Untersuchung und zahlenmäßige Bestimmung der Schneideigenschaften von Messern mit besonderer Berücksichtigung rostfreier Messerstähle
in Vorbereitung

HEFT 278
Dipl.-Ing. J. Stelter und Dipl.-Ing. H. Kickert, Aachen
I. Sichtbarmachung von Ultraschallfeldern unter Verwendung photographischer Emulsionsschichten
II. Methode zur Bestimmung der wirklichen Temperaturverhältnisse in Flüssigkeiten während der Beschallung (Nach einer Diplom-Arbeit von H. Schnitzler)
in Vorbereitung

HEFT 279
Dr. F. Keune, Aachen
Der gewölbte und verwundene Tragflügel ohne Dicke in Schallnähe
in Vorbereitung

HEFT 280
Dipl.-Ing. J. Stelter und Dipl.-Ing. E. Pfende, Aachen
Über Störerscheinungen bei Schallgeschwindigkeitsmessungen mittels der Interferometermethode
in Vorbereitung

HEFT 281
Prof. Dr.-Ing. K. Lürenbaum, Aachen
Der Meßwagen des Instituts für Maschinen-Dynamik der Deutschen Versuchsanstalt für Luftfahrt, Aachen
in Vorbereitung

HEFT 282
Bergrat a. D. Scherer, Bochum
Das B.T.-Schwelverfahren und seine Anwendung auf der Anlage Marienau
in Vorbereitung

HEFT 283
Prof. Dr. F. Wever und Dr.-Ing. W. Lueg, Düsseldorf
Warmstauchversuche zur Ermittlung der Formänderungsfestigkeit von Gesenkschmiede-Stählen
in Vorbereitung

HEFT 284
Prof. Dr. F. Wever, Düsseldorf, Dr.-Ing. H. J. Wiester, Essen, Dr.-Ing. F. W. Straßburg, Duisburg, Prof. Dr.-Ing. H. Opitz, Aachen, und Dr.-Ing. K. H. Fröhlich, Köln
Einfluß des Gefüges auf die Zerspanbarkeit von Einsatz- und Vergütungsstählen
in Vorbereitung

HEFT 285
Prof. Dr.-Ing. O. Kienzle, Dr.-Ing. K. Lange, Hannover, und Dipl.-Ing. H. Meinert, Osterode
Einfluß der Oberfläche auf das Verschleißverhalten von Schmiedegesenken
in Vorbereitung

HEFT 286
Dr.-Ing. K. Lange, Hannover, Dipl.-Ing. H. Meinert, Osterode, unter Mitarbeit von Dr.-Ing. H. Arend, Mülheim (Ruhr)
Verschleißverhalten hartverchromter Schmiedegesenke
in Vorbereitung

HEFT 287
Prof. Dr.-Ing. K. Krekeler, Aachen
Änderungen der mechanischen Eigenschaftswerte thermoplastischer Kunststoffe bei Beanspruchung in verschiedenen Medien
in Vorbereitung

HEFT 288
Dr. K. Brücker-Steinkuhl, Düsseldorf
Anwendung mathematisch-statistischer Verfahren in der Industrie
in Vorbereitung

HEFT 289
Prof. Dr.-Ing. H. Winterhager, Aachen
Kombinierter Widerstands- und Lichtbogen-Vakuumofen zur Verarbeitung von Titanschwamm
Prof. Dr. h. c. R. Schwarz, Aachen
Erforschung neuer Wege zur Darstellung von Titanmetall
in Vorbereitung

HEFT 290
Dr. D. Horstmann, Düsseldorf
I. Der verstärkte Angriff des Zinks auf Eisen im Temperaturgebiet um 500° C
II. Einfluß eines Antimongehaltes auf den Angriff von Zinkschmelzen auf Eisen
in Vorbereitung

HEFT 291
Dr.-Ing. H. J. Wiester und Dr. D. Horstmann, Düsseldorf
Der Angriff eisengesättigter Zinkschmelzen auf silizium- und manganhaltiges Eisen
in Vorbereitung

HEFT 292
Dipl.-Ing. W. Rohs und Text.-Ing. H. Griese, Bielefeld
Webversuche an Leinenwebstühlen mit verbesserter Schaftbewegung
in Vorbereitung

HEFT 293
Prof. J. W. Korte, unter Mitarbeit von Dipl.-Ing. P. A. Mäcke und Dipl.-Ing. W. Leutzbach, Aachen
Die Leistungsfähigkeit von Verkehrsanlagen des motorisierten städtischen Straßenverkehrs
in Vorbereitung

HEFT 294
Dipl.-Ing. B. Naendorf, Essen
Untersuchungen industrieller Gasbrenner
in Vorbereitung

HEFT 295
Prof. Dr.-Ing. H. Opitz und Dipl.-Ing. H. Axer, Aachen
Untersuchung und Weiterentwicklung neuartiger elektrischer Bearbeitungsverfahren
in Vorbereitung

HEFT 296
Prof. Dr.-Ing. H. Opitz, Aachen
I. Untersuchungen an elektronischen Regelantrieben
II. Statistische Untersuchungen zur Ausnutzung von Drehbänken
in Vorbereitung

HEFT 297
Dr. K. Schaarwächter, Düsseldorf
Die Reduktion von Siliziumtetrachlorid im Lichtbogen zur nachfolgenden Silizierung von Eisenblechen
in Vorbereitung

HEFT 298
Prof. Dr.-Ing. E. Oehler, Aachen
Untersuchung von kritischen Drehzahlen, die durch Kreiselmomente verursacht werden
in Vorbereitung

HEFT 299
Dr. J. Fassbender und W. Hoppe, Bonn
Eine photoelektrische Nachlaufeinrichtung für Analogie-Rechenmaschinen
in Vorbereitung

HEFT 300
Prof. Dr. E. Schütz und Privatdozent Dr. H. Caspers, Münster
Tierexperimentelle Untersuchungen über die Alkoholwirkungen auf Erregbarkeit und bioelektrische Spontanaktivität der Hirnrinde
in Vorbereitung

HEFT 301
Prof. Dr. W. Weltzien, Dr. G. Cossmann und P. Diehl, Krefeld
Über die fraktionierte Füllung von Polyamiden (II)
in Vorbereitung

HEFT 302
Prof. Dr.-Ing. W. Wegener und Dipl.-Ing. Willi Zahn, Aachen
Untersuchungen von gesponnenen Garnen auf ihre Gleichmäßigkeit nach verschiedenen Meßmethoden
in Vorbereitung

HEFT 303
Prof. Dr.-Ing. S. Kiesskalt, Aachen
Das Institut der Forschungsgesellschaft Verfahrenstechnik e. V. an der Technischen Hochschule Aachen
in Vorbereitung

HEFT 304
Prof. Dr.-Ing. K. Krekeler, Düsseldorf, und Dipl.-Ing. A. Kleine-Albers, Aachen
Beitrag zur thermoelastischen Warmformbarkeit von Hart PVC
in Vorbereitung

HEFT 305
Prof. Dr.-Ing. K. Krekeler, Düsseldorf, Dr.-Ing. H. Peukert, Aachen, und Dipl.-Ing. W. Schmitz, Siegburg
Heißgas-Schweißung von Hart-Polyvinylchlorid mit Zusatzwerkstoff
in Vorbereitung

HEFT 306
Prof. Dr. B. Rensch, Münster
Elektrophysiologische Untersuchungen zur Analysierung der Bildung von Assoziationen und Gedächtnisspuren in Gehirn und Rückenmark
Prof. Dr. A. Loeser, Münster
Akute und chronische Giftwirkungen sauerstoffhaltiger Lösungsmittel
in Vorbereitung

HEFT 307
Privatdozent Dr. J. Juilfs, Krefeld
Vergleichende Untersuchungen zur elastischen und bleibenden Dehnung von Fasern
in Vorbereitung

HEFT 308
Privatdozent Dr. J. Juilfs, Krefeld
Zur Messung der Fadenglätte
in Vorbereitung

HEFT 309
Prof. Dr. K. Cruse und Mitarbeiter, Clausthal-Zellerfeld
Aufbau und Arbeitsweise eines universell verwendbaren Hochfrequenz-Titrationsgerätes
in Vorbereitung

HEFT 310
Dr. P. F. Müller, Bonn
Die Integrieranlage des Rheinisch-Westfälischen Instituts für Instrumentelle Mathematik in Bonn
in Vorbereitung

HEFT 311
Prof. Dr. F. Wever und Dr. M. Hempel, Düsseldorf
Dauerschwingfestigkeit von Stählen bei erhöhten Temperaturen
Teil I: Erkenntnisse aus bisherigen Dauerschwingversuchen in der Wärme
in Vorbereitung

HEFT 312
Prof. Dr. F. Wever und Dr. M. Hempel, Düsseldorf
Dauerschwingfestigkeit von Stählen bei erhöhten Temperaturen
Teil II: Zug-Druck-Dauerschwingversuche an zwei warmfesten Stählen bei Temperaturen von 500 bis 650°
in Vorbereitung

HEFT 313
Prof. Dr. F. Wever, Dr. W. Koch und Dipl.-Phys. H. Rohde, Düsseldorf
Änderungen des Habitus und der Gitterkonstanten des Zementits in Chromstählen bei verschiedenen Wärmebehandlungen
in Vorbereitung

HEFT 314
Prof. Dr. F. Wever und Dr.-Ing. A. Krisch, Düsseldorf, und Dr.-Ing. H.-J. Wiester, Essen
Veränderungen im Gefügeaufbau von Chrom-Nickel-Molybdän-Stählen bei langzeitiger Beanspruchung im Zeitstandversuch bei 500°
in Vorbereitung

HEFT 315
Prof. Dr. F. Wever und Dr.-Ing. A. Krisch, Düsseldorf
Metallkundliche Untersuchungen an Zeitstandproben
in Vorbereitung

HEFT 316
Dr. F. Keune, Aachen
Zusammenfassende Darstellung und Erweiterung des Aequivalenzsatzes für schallnahe Strömung
in Vorbereitung

HEFT 317
Dr.-Ing. J. Stelter, Aachen
Mikrobiologische Ultraschallwirkungen
in Vorbereitung

HEFT 318
Dipl.-Ing. H. Kickert, Aachen
Über die Ausbreitung von Ultraschall in Luft
in Vorbereitung

HEFT 319
Prof. Dr. C. Kröger, Aachen
Gemengereaktionen und Glasschmelze
in Vorbereitung

HEFT 320
Dr. H.-E. Caspary, Köln
Verwendung von Szintillationszählern anstelle von Zählrohren zur zerstörungsfreien Materialprüfung
in Vorbereitung

HEFT 321
Prof. Dr. F. Wever, Düsseldorf und Dr. W. Wepner, Köln
Gleichzeitige Bestimmung kleiner Kohlenstoff- und Stickstoffgehalte im α-Eisen durch Dämpfungsmessung
in Vorbereitung

HEFT 322
Prof. Dr.-Ing. F. Bollenrath und Dipl.-Ing. W. Domke, Aachen
Eigenspannungen in vergüteten, dickwandigen Stahlzylindern nach Oberflächenhärtung mit induktiver Erwärmung
in Vorbereitung

HEFT 323
Prof. Dr. R. Seyffert, Köln
Wege und Kosten der Distribution der Textilien, Schuh- und Lederwaren
in Vorbereitung

HEFT 324
Prof. Dr.-Ing. H. Opitz, Dr.-Ing. E. Saljé und Dipl.-Ing. K. E. Schwartz, Aachen
Richtwerte für das Außenrund-Längs- und Einstechschleifen
in Vorbereitung

HEFT 325
Prof. Dr. E. Schratz, Münster
Pharmakognostische Untersuchungen am Medizinal-Rhabarber
in Vorbereitung

HEFT 326
Prof. Dr.-Ing. E. Essers und Mitarbeiter, Aachen
Deichselkräfte an Lastzügen
in Vorbereitung

HEFT 327
Prof. Dr.-Ing. K. Krekeler und Dr.-Ing. H. Peukert, Aachen
Beitrag zur thermoelastischen Formbarkeit von Polyäthylen
in Vorbereitung

HEFT 328
Dr. H. Maeder, Belo Horizonte
Schweißen von Temperguß
in Vorbereitung

HEFT 329
Dipl.-Ing. A. Krüger, Karlsruhe, und Feuerwehr-Ing. R. Radusch, Dortmund
Wasserzerstäubung im Strahlrohr
in Vorbereitung

HEFT 330
Dipl.-Physiker E. Pepping, Aachen
Die Durchflußzahl des Rechteckschlitzes in einer sehr großen Wand
in Vorbereitung

HEFT 331
Dipl.-Ing. G. Bretschneider, Ruit
Die Messung der wiederkehrenden Spannung mit Hilfe des Netzmodelles
in Vorbereitung

HEFT 332
Prof. Dr.-Ing. R. Jaeckel und Dr. G. Reich, Bonn
Messung von Dampfdrucken im Gebiet unter 10^{-2} Torr
in Vorbereitung

HEFT 333
Prof. Dipl.-Ing. W. Sturtzel und Dr.-Ing. W. Graff, Duisburg
I. Der Flachwassereinfluß auf den Form- und Reibungswiderstand von Binnenschiffen
II. Der Flachwassereinfluß auf die Nachstrom- und Sogverhältnisse bei Binnenschiffen
in Vorbereitung

HEFT 334
Prof. Dr. W. Weizel und Dr. G. Meister, Bonn
Spektralanalyse durch Messung des Interferenz-Kontrasts
in Vorbereitung

HEFT 335
Prof. Dr. W. Weizel und H. Hornberg, Bonn
Untersuchungen der anodischen Teile einer Glimmentladung
in Vorbereitung

HEFT 336
Dr. Tung-ping Yao, Aachen
Die Viskosität metallischer Schmelzen
in Vorbereitung

HEFT 337
Dr. R. Hoeppener und Dr. W. Bierther, Bonn
Tektonik und Lagerstätten im Rheinischen Schiefergebirge
in Vorbereitung

HEFT 338
Prof. Dr.-Ing. W. Wegener, Aachen, und Dipl.-Ing. J. Schneider, M.-Gladbach
Die Bedeutung der Knotenart für die Herabminderung der Fadenbrüche
in Vorbereitung

HEFT 339
Prof. Dr.-Ing. W. Wegener und Dipl.-Ing. W. Zahn, Aachen
Vergleich der normalen mit verschiedenen abgekürzten Baumwollspinnverfahren in bezug auf Gleichmäßigkeit und Sortierungsstreuung der Garne
in Vorbereitung

HEFT 340
Dipl.-Ing. W. Rohs und Dipl.-Ing. R. Otto, Bielefeld
Das Naßspinnen von Bastfasergarnen mit Spinnbadzusätzen unter Ausnutzung einer zentralen Spinnwasserversorgungsanlage
in Vorbereitung

HEFT 341
Prof. Dr.-Ing. H. Winterhager und Dipl.-Ing. L. Werner, Aachen
Präzisions-Meßverfahren zur Bestimmung des elektrischen Leitvermögens geschmolzener Salze
in Vorbereitung

HEFT 342
Prof. Dr.-Ing. H. Winterhager und Dipl.-Ing. W. Barthel, Aachen
Die Gewinnung von Titanschlackenkonzentraten aus eisenreichen Ilemniten
in Vorbereitung

HEFT 343
Prof. Dr.-Ing. W. Petersen, Aachen, und Dipl.-Ing. S. Wawroschek, Aachen
Die zweckmäßigsten Gütebestimmungsverfahren und Brikettierungsbedingungen bei der Erzeugung von Braunkohlen-Eisenerz-Briketts
in Vorbereitung

HEFT 344
Prof. Dr.-Ing. W. Fucks, Aachen
Zur Deutung einfachster mathematischer Sprachcharakteristiken
in Vorbereitung

HEFT 345
Dipl.-Ing. G. Cerbe und Dipl.-Ing. H. Monstadt, Essen
Konvektive Trocknung mit gasbeheizter Luft und Trocknung durch Gasstrahler
in Vorbereitung

HEFT 346
Dipl.-Ing. O. Arnold, Aachen
Erfahrungen mit Kernbohrungen zur Lagerstättenuntersuchung im Erzbergbau
in Vorbereitung

HEFT 347
S. Ruff, F. Kipp, H. Hansteen und G. Müller, Bonn
Untersuchungen zur Frage der Gehörschädigungen des fliegenden Personals der Propellerflugzeuge
in Vorbereitung

WESTDEUTSCHER VERLAG · KÖLN UND OPLADEN

VERÖFFENTLICHUNGEN DER ARBEITSGEMEINSCHAFT FÜR FORSCHUNG DES LANDES NORDRHEIN-WESTFALEN

NATURWISSENSCHAFTEN

Im Auftrage des Ministerpräsidenten Fritz Steinhoff
herausgegeben von Staatssekretär Prof. Leo Brandt

HEFT 1
Prof. Dr.-Ing. Friedrich Seewald, Aachen
Neue Entwicklungen auf dem Gebiet der Antriebsmaschinen
Prof. Dr.-Ing. Friedrich A. F. Schmidt, Aachen
Technischer Stand und Zukunftsaussichten der Verbrennungsmaschinen, insbesondere der Gasturbinen
Dr.-Ing. Rudolf Friedrich, Mülheim (Ruhr)
Möglichkeiten und Voraussetzungen der industriellen Verwertung der Gasturbine
1951, 52 Seiten, 15 Abb., kartoniert, DM 2,75

HEFT 2
Prof. Dr.-Ing. Wolfgang Riezler, Bonn
Probleme der Kernphysik
Prof. Dr. Fritz Micheel, Münster
Isotope als Forschungsmittel in der Chemie und Biochemie
1951, 40 Seiten, 10 Abb., kartoniert, DM 2,40

HEFT 3
Prof. Dr. Emil Lehnartz, Münster
Der Chemismus der Muskelmaschine
Prof. Dr. Gunther Lehmann, Dortmund
Physiologische Forschung als Voraussetzung der Bestgestaltung der menschlichen Arbeit
Prof. Dr. Heinrich Kraut, Dortmund
Ernährung und Leistungsfähigkeit
1951, 60 Seiten, 35 Abb., kartoniert, DM 3,50

HEFT 4
Prof. Dr. Franz Wever, Düsseldorf
Aufgaben der Eisenforschung
Prof. Dr.-Ing. Hermann Schenck, Aachen
Entwicklungslinien des deutschen Eisenhüttenwesens
Prof. Dr.-Ing. Max Haas, Aachen
Wirtschaftliche Bedeutung der Leichtmetalle und ihre Entwicklungsmöglichkeiten
1952, 60 Seiten, 20 Abb., kartoniert, DM 3,50

HEFT 5
Prof. Dr. Walter Kikuth, Düsseldorf
Virusforschung
Prof. Dr. Rolf Danneel, Bonn
Fortschritte der Krebsforschung
Prof. Dr. Dr. Werner Schulemann, Bonn
Wirtschaftliche und organisatorische Gesichtspunkte für die Verbesserung unserer Hochschulforschung
1952, 50 Seiten, 2 Abb., kartoniert, DM 2,75

HEFT 6
Prof. Dr. Walter Weizel, Bonn
Die gegenwärtige Situation der Grundlagenforschung in der Physik
Prof. Dr. Siegfried Strugger, Münster
Das Duplikantenproblem in der Biologie
Direktor Dr. Fritz Gummert, Essen
Überlegungen zu den Faktoren Raum und Zeit im biologischen Geschehen und Möglichkeiten einer Nutzanwendung
1952, 64 Seiten, 20 Abb., kartoniert, DM 3,—

HEFT 7
Prof. Dr.-Ing. August Götte, Aachen
Steinkohle als Rohstoff und Energiequelle
Prof. Dr. Dr. E. h. Karl Ziegler, Mülheim (Ruhr)
Über Arbeiten des Max-Planck-Institutes für Kohlenforschung
1953, 66 Seiten, 4 Abb., kartoniert, DM 3,60

HEFT 8
Prof. Dr.-Ing. Wilhelm Fucks, Aachen
Die Naturwissenschaft, die Technik und der Mensch
Prof. Dr. Walther Hoffmann, Münster
Wirtschaftliche und soziologische Probleme des technischen Fortschritts
1952, 84 Seiten, 12 Abb., kartoniert, DM 4,80

HEFT 9
Prof. Dr.-Ing. Franz Bollenrath, Aachen
Zur Entwicklung warmfester Werkstoffe
Prof. Dr. Heinrich Kaiser, Dortmund
Stand spektralanalytischer Prüfverfahren und Folgerung für deutsche Verhältnisse
1952, 100 Seiten, 62 Abb., kartoniert, DM 6,—

HEFT 10
Prof. Dr. Hans Braun, Bonn
Möglichkeiten und Grenzen der Resistenzzüchtung
Prof. Dr. Carl Heinrich Dencker, Bonn
Der Weg der Landwirtschaft von der Energieautarkie zur Fremdenergie
1952, 74 Seiten, 23 Abb., kartoniert, DM 4,30

HEFT 11
Prof. Dr.-Ing. Herwart Opitz, Aachen
Entwicklungslinien der Fertigungstechnik in der Metallbearbeitung
Prof. Dr.-Ing. Karl Krekeler, Aachen
Stand und Aussichten der schweißtechnischen Fertigungsverfahren
1952, 72 Seiten, 49 Abb., kartoniert, DM 5,—

HEFT 12
Dr. Hermann Rathert, Wuppertal-Elberfeld
Entwicklung auf dem Gebiet der Chemiefaser-Herstellung
Prof. Dr. Wilhelm Weltzien, Krefeld
Rohstoff und Veredlung in der Textilwirtschaft
1952, 84 Seiten, 29 Abb., kartoniert, DM 4,80

HEFT 13
Dr.-Ing. E. h. Karl Herz, Frankfurt a. M.
Die technischen Entwicklungstendenzen im elektrischen Nachrichtenwesen
Staatssekretär Prof. Leo Brandt, Düsseldorf
Navigation und Luftsicherung
1952, 102 Seiten, 97 Abb., kartoniert, DM 7,25

HEFT 14
Prof. Dr. Burckhardt Helferich, Bonn
Stand der Enzymchemie und ihre Bedeutung
Prof. Dr. Hugo Wilhelm Knipping, Köln
Ausschnitt aus der klinischen Carcinomforschung am Beispiel des Lungenkrebses
1952, 72 Seiten, 12 Abb., kartoniert, DM 4,30

HEFT 15
Prof. Dr. Abraham Esau †, Aachen
Ortung mit elektrischen und Ultraschallwellen in Technik und Natur
Prof. Dr.-Ing. Eugen Flegler, Aachen
Die ferromagnetischen Werkstoffe der Elektrotechnik und ihre neueste Entwicklung
1953, 84 Seiten, 25 Abb., kartoniert, DM 4,80

HEFT 16
Prof. Dr. Rudolf Seyffert, Köln
Die Problematik der Distribution
Prof. Dr. Theodor Beste, Köln
Der Leistungslohn
1952, 70 Seiten, 1 Abb., kartoniert, DM 3,50

HEFT 17
Prof. Dr.-Ing. Friedrich Seewald, Aachen
Luftfahrtforschung in Deutschland und ihre Bedeutung für die allgemeine Technik
Prof. Dr.-Ing. Edouard Houdremont, Essen
Art und Organisation der Forschung in einem Industrieforschungsinstitut der Eisenindustrie
1953, 90 Seiten, 4 Abb., kartoniert, DM 4,20

HEFT 18
Prof. Dr. Dr. Werner Schulemann, Bonn
Theorie und Praxis pharmakologischer Forschung
Prof. Dr. Wilhelm Groth, Bonn
Technische Verfahren zur Isotopentrennung
1953, 72 Seiten, 17 Abb., kartoniert, DM 4,—

HEFT 19
Dipl.-Ing. Kurt Traenckner, Essen
Entwicklungstendenzen der Gaserzeugung
1953, 26 Seiten, 12 Abb., kartoniert, DM 1,60

HEFT 20
M. Zvegintzow, London
Wissenschaftliche Forschung und die Auswertung ihrer Ergebnisse
Ziel und Tätigkeit der National Research Development Corporation
Dr. Alexander King, London
Wissenschaft und internationale Beziehungen
1954, 88 Seiten, kartoniert, DM 4,20

HEFT 21
Prof. Dr. Robert Schwarz, Aachen
Wesen und Bedeutung der Silicium-Chemie
Prof. Dr. Dr. h. c. Kurt Alder, Köln
Fortschritte in der Synthese von Kohlenstoffverbindungen
1954, 76 Seiten, 49 Abb., kartoniert, DM 4,--

HEFT 21a
Prof. Dr. Dr. h. c. Otto Hahn, Göttingen
Die Bedeutung der Grundlagenforschung für die Wirtschaft
Prof. Dr. Siegfried Strugger, Münster
Die Erforschung des Wasser- und Nährsalztransportes im Pflanzenkörper mit Hilfe der fluoreszenzmikroskopischen Kinematographie
1953, 74 Seiten, 26 Abb., kartoniert, DM 5,—

HEFT 22
Prof. Dr. Johannes von Allesch, Göttingen
Die Bedeutung der Psychologie im öffentlichen Leben
Prof. Dr. Otto Graf, Dortmund
Triebfedern menschlicher Leistung
1953, 80 Seiten, 19 Abb., kartoniert, DM 4,—

HEFT 23
Prof. Dr. Dr. h. c. Bruno Kuske, Köln
Zur Problematik der wirtschaftswissenschaftlichen Raumforschung
Prof. Dr. Dr.-Ing. E. h. Stephan Prager, Düsseldorf
Städtebau und Landesplanung
1954, 84 Seiten, kartoniert, DM 3,50

HEFT 24
Prof. Dr. Rolf Danneel, Bonn
Über die Wirkungsweise der Erbfaktoren
Prof. Dr. Kurt Herzog, Krefeld
Bewegungsbedarf der menschlichen Gliedmaßengelenke bei der Berufsarbeit
1953, 76 Seiten, 18 Abb., kartoniert, DM 4,—

WESTDEUTSCHER VERLAG · KÖLN UND OPLADEN

HEFT 25
Prof. Dr. Otto Haxel, Heidelberg
Energiegewinnung aus Kernprozessen
Dr.-Ing. Dr. Max Wolf, Düsseldorf
Gegenwartsprobleme der energiewirtschaftlichen Forschung
1953, 98 Seiten, 27 Abb., kartoniert, DM 5,25

HEFT 26
Prof. Dr. Friedrich Becker, Bonn
Ultrakurzwellenstrahlung aus dem Weltraum
Dr. Hans Straßl, Bonn
Bemerkenswerte Doppelsterne und das Problem der Sternentwicklung
1954, 70 Seiten, 8 Abb., kartoniert, DM 3,60

HEFT 27
Prof. Dr. Heinrich Behnke, Münster
Der Strukturwandel der Mathematik in der ersten Hälfte des 20. Jahrhunderts
Prof. Dr. Emanuel Sperner, Hamburg
Eine mathematische Analyse der Luftdruckverteilungen in großen Gebieten
1956, 96 Seiten, 12 Abb, 5 Tab., kartoniert, DM 5,—

HEFT 28
Prof. Dr. Oskar Niemczyk, Aachen
Die Problematik gebirgsmechanischer Vorgänge im Steinkohlenbergbau
Prof. Dr. Wilhelm Ahrens, Krefeld
Die Bedeutung geologischer Forschung für die Wirtschaft, besonders in Nordrhein-Westfalen
1955, 96 Seiten, 12 Abb., kartoniert, DM 5,25

HEFT 29
Prof. Dr. Bernhard Rensch, Münster
Das Problem der Residuen bei Lernleistungen
Prof. Dr. Hermann Fink, Köln
Über Leberschäden bei der Bestimmung des biologischen Wertes verschiedener Eiweiße von Mikroorganismen
1954, 96 Seiten, 23 Abb., kartoniert, DM 5,25

HEFT 30
Prof. Dr.-Ing. Friedrich Seewald, Aachen
Forschungen auf dem Gebiete der Aerodynamik
Prof. Dr.-Ing. Karl Leist, Aachen
Einige Forschungsarbeiten aus der Gasturbinentechnik
1955, 98 Seiten, 45 Abb., kartoniert, DM 7,—

HEFT 31
Prof. Dr.-Ing. Dr. h. c. Fritz Mietzsch, Wuppertal
Chemie und wirtschaftliche Bedeutung der Sulfonamide
Prof. Dr. Dr. h. c. Gerhard Domagk, Wuppertal
Die experimentellen Grundlagen der bakteriellen Infektionen
1954, 82 Seiten, 2 Abb., kartoniert, DM 4,—

HEFT 32
Prof. Dr. Hans Braun, Bonn
Die Verschleppung von Pflanzenkrankheiten und -schädigungen über die Welt
Prof. Dr. Wilhelm Rudorf, Voldagsen
Der Beitrag von Genetik und Züchtung zur Bekämpfung von Viruskrankheiten der Nutzpflanzen
1953, 88 Seiten, 36 Abb., kartoniert, DM 5,—

HEFT 33
Prof. Dr.-Ing. Volker Aschoff, Aachen
Probleme der elektroakustischen Einkanalübertragung
Prof. Dr.-Ing. Herbert Döring, Aachen
Erzeugung und Verstärkung von Mikrowellen
1954, 74 Seiten, 23 Abb., kartoniert, DM 4,30

HEFT 34
Geheimrat Prof. Dr. Dr. Rudolf Schenck, Aachen
Bedingungen und Gang der Kohlenhydratsynthese im Licht
Prof. Dr. Emil Lehnartz, Münster
Die Endstufen des Stoffabbaues im Organismus
1954, 80 Seiten, 11 Abb., kartoniert, DM 4,20

HEFT 35
Prof. Dr.-Ing. Hermann Schenck, Aachen
Gegenwartsprobleme der Eisenindustrie in Deutschland
Prof. Dr.-Ing. Eugen Piwowarsky †, Aachen
Gelöste und ungelöste Probleme im Gießereiwesen
1954, 110 Seiten, 67 Abb., kartoniert, DM 6,50

HEFT 36
Prof. Dr. Wolfgang Riezler, Bonn
Teilchenbeschleuniger
Prof. Dr. Gerhard Schubert, Hamburg
Anwendung neuer Strahlenquellen in der Krebstherapie
1954, 104 Seiten, 43 Abb., kartoniert, DM 7,—

HEFT 37
Prof. Dr. Franz Lotze, Münster
Probleme der Gebirgsbildung
Bergwerksdirektor Bergassessor a.D. G. Rauschenbach, Essen
Die Erhaltung der Förderungskapazität des Ruhrbergbaues auf lange Sicht
in Vorbereitung

HEFT 38
Dr. E. Colin Cherry, London
Kybernetik
Prof. Dr. Erich Pietsch, Clausthal-Zellerfeld
Dokumentation und mechanisches Gedächtnis — zur Frage der Ökonomie der geistigen Arbeit
1954, 108 Seiten, 31 Abb., kartoniert, DM 5,25

HEFT 39
Dr. Heinz Haase, Hamburg
Infrarot und seine technischen Anwendungen
Prof. Dr. Abraham Esau †, Aachen
Ultraschall und seine technischen Anwendungen
1955, 80 Seiten, 25 Abb., kartoniert, DM 4,80

HEFT 40
Bergassessor Fritz Lange, Bochum-Hordel
Die wirtschaftliche und soziale Bedeutung der Silikose im Bergbau
Prof. Dr. Walter Kikuth, Düsseldorf
Die Entstehung der Silikose und ihre Verhütungsmaßnahmen
1954, 120 Seiten, 40 Abb., kartoniert, DM 7,25

HEFT 40a
Prof. Dr. Eberhard Gross, Bonn
Berufskrebs und Krebsforschung
Prof. Dr. Hugo Wilhelm Knipping, Köln
Die Situation der Krebsforschung vom Standpunkt der Klinik
1955, 88 Seiten, 31 Abb., kartoniert, DM 5,—

HEFT 41
Direktor Dr.-Ing. Gustav-Victor Lachmann, London
An einer neuen Entwicklungsschwelle im Flugzeugbau
Direktor Dr.-Ing. A. Gerber, Zürich-Oerlikon
Stand der Entwicklung der Raketen- und Lenktechnik
1955, 88 Seiten, 44 Abb., kartoniert, DM 6,—

HEFT 42
Prof. Dr. Theodor Kraus, Köln
Lokalisationsphänomene und Raumordnung vom Standpunkt der geographischen Wissenschaft
Direktor Dr. Fritz Gummert, Essen
Vom Ernährungsversuchsfeld der Kohlenstoffbiologischen Forschungsstation Essen
in Vorbereitung

HEFT 42a
Prof. Dr. Dr. h. c. Gerhard Domagk, Wuppertal
Fortschritte auf dem Gebiet der experimentellen Krebsforschung
1954, 46 Seiten, kartoniert, DM 2,—

HEFT 43
Prof. Giovanni Lampariello, Rom
Über Leben und Werk von Heinrich Hertz
Prof. Dr. Walter Weizel, Bonn
Über das Problem der Kausalität in der Physik
1955, 76 Seiten kartoniert, DM 3,30

HEFT 43a
Prof. Dr. José Mª Albareda, Madrid
Die Entwicklung der Forschung in Spanien
in Vorbereitung

HEFT 44
Prof. Dr. Burckhardt Helferich, Bonn
Über Glykoside
Prof. Dr. Fritz Micheel, Münster
Kohlenhydrat-Eiweiß-Verbindungen und ihre biochemische Bedeutung
in Vorbereitung

HEFT 45
Prof. Dr. John von Neumann, Princeton, USA
Entwicklung und Ausnutzung neuerer mathematischer Maschinen
Prof. Dr. E. Stiefel, Zürich
Rechenautomaten im Dienste der Technik mit Beispielen aus dem Züricher Institut für angewandte Mathematik
1955, 74 Seiten, 6 Abb., kartoniert, DM 3,50

HEFT 46
Prof. Dr. Wilhelm Weltzien, Krefeld
Ausblick auf die Entwicklung synthetischer Fasern
Prof. Dr. Walther Hoffmann, Münster
Wachstumsformen der Industriewirtschaft
in Vorbereitung

HEFT 47
Staatssekretär Prof. Leo Brandt, Düsseldorf
Die praktische Förderung der Forschung in Nordrhein-Westfalen
Prof. Dr. Ludwig Raiser, Bad Godesberg
Die Förderung der angewandten Forschung durch die Deutsche Forschungsgemeinschaft
in Vorbereitung

HEFT 48
Dr. Hermann Tromp, Rom
Bestandsaufnahme der Wälder der Welt als internationale und wissenschaftliche Aufgabe
Prof. Dr. Franz Heske, Schloß Reinbek
Die Wohlfahrtswirkungen des Waldes als internationales Problem
in Vorbereitung

HEFT 49
Präsident Dr. G. Böhnecke, Hamburg
Zeitfragen der Ozeanographie
Reg.-Direktor Dr. H. Gabler, Hamburg
Nautische Technik und Schiffssicherheit
1955, 120 Seiten, 49 Abb., kartoniert, DM 7,50

HEFT 50
Prof. Dr.-Ing. Friedrich A. F. Schmidt, Aachen
Probleme der Selbstzündung und Verbrennung bei der Entwicklung der Hochleistungskraftmaschinen
Prof. Dr.-Ing. A. W. Quick, Aachen
Ein Verfahren zur Untersuchung des Austauschvorganges in verwirbelten Strömungen hinter Körpern mit abgelöster Strömung
in Vorbereitung

HEFT 51
Prof. Dr. Siegfried Strugger, Münster
Struktur, Entwicklungsgeschichte und Physiologie der Chloroplasten
Direktor Dr. J. Pätzold, Erlangen
Therapeutische Anwendung mechanischer und elektrischer Energie
in Vorbereitung

HEFT 52
Mr. Patmore, London
Lufttüchtigkeit und technische Prüfung der Flugzeuge in England
Prof. A. D. Young, Cranfield
Die Ausbildung des Ingenieurnachwuchses auf dem Luftfahrtgebiet in England
in Vorbereitung

JAHRESFEIER 1955
Prof. Dr. Josef Pieper, Münster
Über den Philosophie-Begriff Platons
Prof. Dr. Walter Weizel, Bonn
Die Mathematik und die physikalische Realität
1555, 62 Seiten, kartoniert, DM 2,90

HEFT 52a
Dr. D. C. Martin, London
Geschichte und Organisation der Royal Society
Dr. Roux, Südafrika
Probleme der wissenschaftlichen Forschung in der Südafrikanischen Union
in Vorbereitung

HEFT 53
Prof. Dr.-Ing. Georg Schnadel, Hamburg
Forschungsaufgaben zur Untersuchung der Festigkeitsprobleme im Schiffsbau
Prof. Dipl.-Ing. Wilhelm Sturtzel, Duisburg
Forschungsaufgaben zur Untersuchung der Widerstandsprobleme im Schiffsbau
in Vorbereitung

HEFT 53a
Prof. Giovanni Lampariello, Rom
Von Galilei zu Einstein
1956, 92 Seiten, kartoniert, DM 4,20

HEFT 54
Prof. Dr. Julius Bartels, Göttingen
Sonne und Erde — das Thema des internationalen geophysikalischen Jahres
Direktor Dr. Walter Dieminger, Lindau/Harz
Ionosphäre und drahtloser Weitverkehr
in Vorbereitung

HEFT 54a
Sir John Cockcroft, London
Die friedliche Anwendung der Kernenergie
in Vorbereitung

HEFT 55
Prof. Dr.-Ing. Fritz Schultz-Grunow, Aachen
Das Kriechen und Fließen hochzäher und plastischer Stoffe
Prof. Dr.-Ing. Hans Ebner, Aachen
Wege und Ziele der Festigkeitsforschung besonders im Hinblick auf den Leichtbau
in Vorbereitung

WESTDEUTSCHER VERLAG · KÖLN UND OPLADEN

HEFT 56
Prof. Dr. Ernst Derra, Düsseldorf
Der Entwicklungsstand der Herzchirurgie
Prof. Dr. Gunther Lehmann, Dortmund
Muskelarbeit und Muskelermüdung in Theorie und Praxis
in Vorbereitung

HEFT 57
Prof. Dr. Theodor von Kármán, Pasadena
Freiheit und Organisation in der Luftfahrtforschung
in Vorbereitung

HEFT 58
Prof. Dr. Fritz Schröter, Ulm
Neue Forschungs- und Entwicklungsrichtungen im Fernsehen
Prof. Dr. Albert Narath, Berlin
Der gegenwärtige Stand der Filmtechnik
in Vorbereitung

VERÖFFENTLICHUNGEN DER ARBEITSGEMEINSCHAFT FÜR FORSCHUNG DES LANDES NORDRHEIN-WESTFALEN

GEISTESWISSENSCHAFTEN

Im Auftrage des Ministerpräsidenten Karl Arnold
herausgegeben von Staatssekretär Prof. Leo Brandt

HEFT 1
Prof. Dr. Werner Richter, Bonn
Die Bedeutung der Geisteswissenschaften für die Bildung unserer Zeit
Prof. Dr. Joachim Ritter, Münster
Die aristotelische Lehre vom Ursprung und Sinn der Theorie
1953, 64 Seiten, kartoniert, DM 3,50

HEFT 2
Prof. Dr. Josef Kroll, Köln
Elysium
Prof. Dr. Günther Jachmann, Köln
Die vierte Ekloge Vergils
1953, 72 Seiten, kartoniert, DM 3,75

HEFT 3
Prof. Dr. Hans Erich Stier, Münster
Die klassische Demokratie
1954, 100 Seiten, kartoniert, DM 6,—

HEFT 4
Prof. Dr. Werner Caskel, Köln
Lihyan und Lihyanisch. Sprache und Kultur eines frükarabischen Königreiches
1954, 168 Seiten, 6 Abb., kartoniert, DM 11,—

HEFT 5
Prof. Dr. Thomas Ohm, Münster
Stammesreligionen im südlichen Tanganyika-Territorium
1953, 80 Seiten, 25 Abb., kartoniert, DM 11,50

HEFT 6
Prälat Prof. Dr. Dr. h. c. Georg Schreiber, Münster
Deutsche Wissenschaftspolitik von Bismarck bis zum Atomwissenschaftler Otto Hahn
1954, 102 Seiten, 7 Bilder, kartoniert, DM 6,25

HEFT 7
Prof. Dr. Walter Holtzmann, Bonn
Das mittelalterliche Imperium und die werdenden Nationen
1953, 28 Seiten, kartoniert, DM 2,50

HEFT 8
Prof. Dr. Werner Caskel, Köln
Die Bedeutung der Beduinen in der Geschichte der Araber
1954, 44 Seiten, kartoniert, DM 2,75

HEFT 9
Prälat Prof. Dr. Dr. h. c. Georg Schreiber, Münster
Irland im deutschen und abendländischen Sakralraum
in Vorbereitung

HEFT 10
Prof. Dr. Peter Rassow, Köln
Forschungen zur Reichsidee im 16. und 17. Jahrhundert
1955, 32 Seiten, kartoniert, DM 1,90

HEFT 11
Prof. Dr. Hans Erich Stier, Münster
Roms Aufstieg zur Weltherrschaft
in Vorbereitung

HEFT 12
Prof. D. Karl Heinrich Rengstorf, Münster
Mann und Frau im Urchristentum
Prof. Dr. Hermann Conrad, Bonn
Grundprobleme einer Reform des Familienrechts
1954, 106 Seiten, kartoniert, DM 6,—

HEFT 13
Prof. Dr. Max Braubach, Bonn
Der Weg zum 20. Juli 1944
1953, 48 Seiten, kartoniert, DM 3,25

HEFT 14
Prof. Dr. Paul Hübinger, Münster
Das deutsch-französische Verhältnis und seine mittelalterlichen Grundlagen
in Vorbereitung

HEFT 15
Prof. Dr. Franz Steinbach, Bonn
Der geschichtliche Weg des wirtschaftenden Menschen in die soziale Freiheit und politische Verantwortung
1954, 76 Seiten, kartoniert, DM 3,80

HEFT 16
Prof. Dr. Josef Koch, Köln
Die Ars coniecturalis des Nikolaus von Cues
in Vorbereitung

HEFT 17
Prof. Dr. James Conant, US-Hochkommissar für Deutschland
Staatsbürger und Wissenschaftler
Prof. D. Karl Heinrich Rengstorf, Münster
Antike und Christentum
1953, 48 Seiten, 2 Abb., kartoniert, DM 3,50

HEFT 18
Prof. Dr. Richard Alewyn, Köln
Klopstocks Publikum
in Vorbereitung

HEFT 19
Prof. Dr. Fritz Schalk, Köln
Das Lächerliche in der französischen Literatur des Ancien Régime
1954, 42 Seiten, kartoniert, DM 2,25

HEFT 20
Prof. Dr. Ludwig Raiser, Bad Godesberg
Rechtsfragen der Mitbestimmung
1954, 48 Seiten, kartoniert, DM 2,50

HEFT 21
Prof. D. Martin Noth, Bonn
Das Geschichtsverständnis der alttestamentlichen Apokalyptik
1953, 36 Seiten, kartoniert, DM 2,20

HEFT 22
Prof. Dr. Walter F. Schirmer, Bonn
Glück und Ende des Könige in Shakespeares Historien
1954, 32 Seiten, kartoniert, DM 1,60

HEFT 23
Prof. Dr. Günther Jachmann, Köln
Der homerische Schiffskatalog und die Ilias
in Vorbereitung

HEFT 24
Prof. Dr. Theodor Klauser, Bonn
Die römischen Petrustraditionen im Lichte der neuen Ausgrabungen unter der Peterskirche
in Vorbereitung

HEFT 25
Prof. Dr. Hans Peters, Köln
Die Gewaltentrennung in moderner Sicht
1955, 48 Seiten, kartoniert, DM 3,10

HEFT 26
Prof. Dr. Fritz Schalk, Köln
Calderon und die Mythologie
in Vorbereitung

HEFT 27
Prof. Dr. Josef Kroll, Köln
Vom Leben geflügelter Worte
in Vorbereitung

WESTDEUTSCHER VERLAG · KÖLN UND OPLADEN

HEFT 28
Prof. Dr. Thomas Ohm, Münster
Die Religionen in Asien
1954, 50 Seiten, 4 Abb., kartoniert, DM 5,—

HEFT 29
Prof. Dr. Johann Leo Weisgerber, Bonn
Die Ordnung der Sprache im persönlichen und öffentlichen Leben
1955, 64 Seiten, kartoniert, DM 2,90

HEFT 30
Prof. Dr. Werner Caskel, Köln
Entdeckungen in Arabien
1954, 44 Seiten, kartoniert, DM 2,—

HEFT 31
Prof. Dr. Max Braubach, Bonn
Entstehung und Entwicklung der landesgeschichtlichen Bestrebungen und historischen Vereine im Rheinland
1955, 32 Seiten, kartoniert, DM 1,60

HEFT 32
Prof. Dr. Fritz Schalk, Köln
Somnium und verwandte Wörter in den romanischen Sprachen
1955, 48 Seiten, 3 Abb., kartoniert, DM 2,50

HEFT 33
Prof. Dr. Friedrich Dessauer, Frankfurt a. M.
Erbe und Zukunft des Abendlandes
in Vorbereitung

HEFT 34
Prof. Dr. Thomas Ohm, Münster
Ruhe und Frömmigkeit
1955, 128 Seiten, 30 Abb., kartoniert, DM 8,—

HEFT 35
Prof. Dr. Hermann Conrad, Bonn
Die mittelalterliche Besiedlung des deutschen Ostens und das Deutsche Recht
1955, 40 Seiten, kartoniert, DM 2,—

HEFT 36
Prof. Dr. Hans Sckommodau, Köln
Die religiösen Dichtungen Margaretes von Navarra
1955, 172 Seiten, kartoniert, DM 7,20

HEFT 37
Prof. Dr. Herbert von Einem, Bonn
Der Mainzer Kopf mit der Binde
1955, 88 Seiten, 40 Abb., kartoniert, DM 6,—

HEFT 38
Prof. Dr. Joseph Höffner, Münster
Statik und Dynamik in der scholastischen Wirtschaftsethik
1955, 48 Seiten, kartoniert, DM 2,20

HEFT 39
Prof. Dr. Fritz Schalk, Köln
Diderots Essai über Claudius und Nero
in Vorbereitung

HEFT 40
Prof. Dr. Gerhard Kegel, Köln
Probleme des internationalen Enteignungs- und Währungsrechts
in Vorbereitung

HEFT 41
Prof. Dr. Johann Leo Weisgerber, Bonn
Die Grenzen der Schrift — Der Kern der Rechtschreibreform
1955, 72 Seiten, kartoniert, DM 3,25

HEFT 42
Prof. Dr. Richard Alewyn, Köln
Von der Empfindsamkeit zur Romantik
in Vorbereitung

HEFT 43
Prof. Dr. Theodor Schieder, Köln
Die Probleme des Rapallo-Vertrages 1922
in Vorbereitung

HEFT 44
Prof. Dr. Andreas Rumpf, Köln
Stilphasen der spätantiken Kunst
in Vorbereitung

HEFT 45
Dr. Ulrich Luck, Münster
Kerygma und Tradition in der Hermeneutik Adolf Schlatters
1955, 136 Seiten, kartoniert, DM 6,15

HEFT 46
Prof. Dr. Walther Holtzmann, Rom
Das Deutsche Historische Institut in Rom
Prof. Dr. Graf Wolff Metternich, Rom
Die Bibliotheca Hertziana und der Palazzo Zuccari
1955, 68 Seiten, 7 Abb., kartoniert, DM 3,50

JAHRESFEIER 1955
Prof. Dr. Josef Pieper, Münster
Über den Philosophie-Begriff Platons
Prof. Dr. Walter Weizel, Bonn
Die Mathematik und die physikalische Realität
1955, 62 Seiten, kartoniert, DM 2,90

HEFT 47
Prof. Dr. Harry Westermann, Münster
Person und Persönlichkeit im Zivilrecht
in Vorbereitung

HEFT 48
Prof. Dr. Johann Leo Weisgerber, Bonn
Die Namen der Ubier
in Vorbereitung

HEFT 49
Prof. Dr. Friedrich Karl Schumann, Münster
Mythos und Technik
in Vorbereitung

HEFT 50
Prof. Dr. Wolfgang Schöne, Hamburg
Raffaels Sixtinische Madonna
in Vorbereitung

HEFT 51
Prälat Prof. Dr. Dr. h. c. Georg Schreiber, Münster
Der Bergbau in Geschichte, Ethos und Sakralkultur
in Vorbereitung

HEFT 52
Prof. Dr. Hans J. Wolff, Münster
Die Rechtsgestalt der Universität
in Vorbereitung

HEFT 53
Prof. Dr. Heinrich Vogt, Bonn
Schadenersatzprobleme im Verhältnis von Haftungsgrund und Schaden
in Vorbereitung

HEFT 54
Prof. Dr. Max Braubach, Bonn
Der Einmarsch der deutschen Truppen in die entmilitarisierte Zone am Rhein im März 1936. Ein Beitrag zur Vorgeschichte des zweiten Weltkrieges
in Vorbereitung

HEFT 55
Prof. Dr. Herbert von Einem, Bonn
Die Menschwerdung Christi des Isenheimer Altars
in Vorbereitung

HEFT 56
Prof. Dr. E. J. Cohn, London
Der englische Gerichtstag
in Vorbereitung

HEFT 57
Dr. Albert Woopen, Aachen
Die Zivilehe und der Grundsatz der Unauflöslichkeit der Ehe in der Entwicklung des italienischen Zivilrechts
1956, 88 Seiten, kartoniert, DM 4,—

WESTDEUTSCHER VERLAG · KÖLN UND OPLADEN

If you have any concerns about our products,
you can contact us on
ProductSafety@springernature.com

In case Publisher is established outside the EU,
the EU authorized representative is:
Springer Nature Customer Service Center GmbH
Europaplatz 3, 69115 Heidelberg, Germany

Printed by Libri Plureos GmbH
in Hamburg, Germany